Mohd Faheem Khan
Mohammad Kamil Husain
Mohammad Saquib

Prodrogas esteróides: Abordagens sintéticas

Mohd Faheem Khan
Mohammad Kamil Husain
Mohammad Saquib

Prodrogas esteróides: Abordagens sintéticas

ScienciaScripts

Imprint
Any brand names and product names mentioned in this book are subject to trademark, brand or patent protection and are trademarks or registered trademarks of their respective holders. The use of brand names, product names, common names, trade names, product descriptions etc. even without a particular marking in this work is in no way to be construed to mean that such names may be regarded as unrestricted in respect of trademark and brand protection legislation and could thus be used by anyone.

Cover image: www.ingimage.com

This book is a translation from the original published under ISBN 978-620-2-30547-1.

Publisher:
Sciencia Scripts
is a trademark of
Dodo Books Indian Ocean Ltd. and OmniScriptum S.R.L publishing group

120 High Road, East Finchley, London, N2 9ED, United Kingdom
Str. Armeneasca 28/1, office 1, Chisinau MD-2012, Republic of Moldova, Europe
Managing Directors: Ieva Konstantinova, Victoria Ursu
info@omniscriptum.com

Printed at: see last page
ISBN: 978-620-8-61251-1

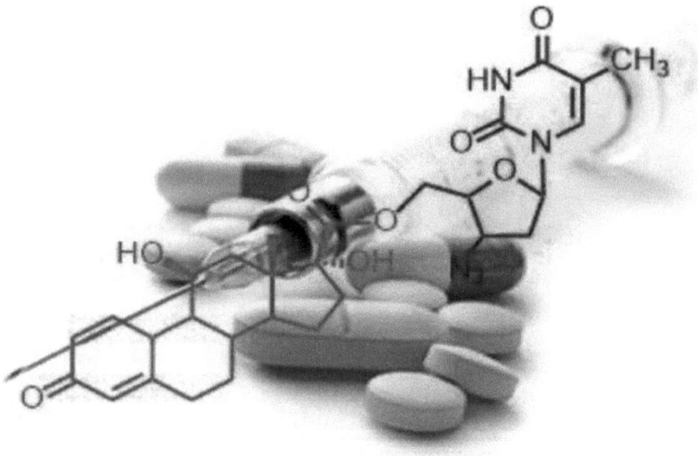

Autores

O **Dr. Mohammad Faheem Khan** nasceu numa pequena cidade de Uttar Pradesh (Shahjahanpur), na Índia. Fez o seu mestrado na Universidade de Lucknow, Lucknow (UP), Índia. Depois de obter o grau de Mestre em Química Orgânica em 2007, obteve um lugar de Estagiário de Investigação Associada na Jubilant Chemsys Pvt. Ltd, Noida, Índia, sob a direção do grupo do Dr. Rao, onde trabalhou na síntese de moléculas intermédias para a descoberta e desenvolvimento de medicamentos. Subsequentemente, obteve aprovação no exame nacional de bolsas CSIR-UGC NET-JRF em junho de 2007 e iniciou o seu doutoramento (janeiro de 2008) na divisão de Química Medicinal e de Processos do Central Drug Research Institute (CDRI) Lucknow-UP, Índia. Recebeu o seu diploma de doutoramento em Química Orgânica/Produtos Naturais com a tese intitulada "Phytochemical Investigation of Indian Medicinal Plant in Search of Bioactive Compounds" (Investigação fitoquímica de plantas medicinais indianas em busca de compostos bioactivos) sob a supervisão do Dr. Rakesh Maurya (químico de produtos naturais). Depois de concluir o doutoramento, em fevereiro de 2013, começou a trabalhar como investigador associado no Departamento de Química da HNB Garhwal University Srinagar (Garhwal) UK, Índia, sob a orientação do Prof. Recebeu a reputada bolsa de pós-doutoramento do Dr. D. S. Kothari em 2014 e juntou-se ao grupo de investigação da Professora Sudha Jain. Sudha Jain. Aí, trabalhou na síntese de receptores baseados em produtos naturais com propriedades de reconhecimento e transporte de aniões. Depois de concluir o seu pós-doutoramento, entrou para o Era Medical College, Era University (Lucknow), na Índia, como professor assistente no Departamento de Biotecnologia. É autor de mais de 25 artigos de investigação, artigos de revisão e capítulos de livros em revistas internacionais de renome e em livros de editoras de renome. Atualmente, trabalha no isolamento, na elucidação da estrutura e na modificação química de moléculas complexas a partir de fontes naturais, juntamente com a aplicação de tecnologia ecológica para a produção de extractos de produtos naturais utilizando solventes eutécticos profundos naturais, líquidos iónicos, etc

O Dr. Mohd Kamil Hussain nasceu em Meerut (U.P.), Índia. Obteve o grau de Mestre em Ciências na Universidade C.C.S., Meerut. Em seguida, mudou-se para a investigação de doutoramento em CSIR-Central Drug Research Institute (CDRI), Lucknow, Índia, onde trabalhou sob a supervisão do Dr. Kanchan Hajela. Recebeu o grau de doutor em 2014 com o tema **"Conceção e síntese de novos** suportes heterocíclicos privilegiados **não esteróides**, como cumarinas, cromenos, benzodiazepinas, dibenzo[b,f]tiepinas, dibenzo[b,f]oxepinas e outros suportes heterocíclicos privilegiados importantes. Depois de obter o grau de doutoramento, trabalhou como professor assistente de química na Swami Vivekanand University Meerut durante um ano antes de ingressar no Govt. Raza P.G College Rampur, Índia, como professor assistente no Departamento de Química, onde trabalha atualmente. Publicou 27 trabalhos de investigação e artigos de revisão em revistas internacionais de renome com elevado fator de impacto. É também autor de 3 capítulos de livros publicados por editoras de renome. Atualmente, trabalha nas áreas da síntese orientada para a diversidade (DOS), síntese orientada para a biologia (BIOS), hibridação molecular e desenvolvimento de novas metodologias sintéticas eficientes, económicas e amigas do ambiente, como a catálise fotoredox, para conseguir a montagem das moléculas alvo

O Dr. Mohammad Saquib nasceu na cidade de Allahabad, no estado de Uttar Pradesh, no norte da Índia. Depois de obter os graus de B.Sc. e M.Sc. da Universidade de Allahabad, mudou-se para o famoso CSIR-Central Drug Research Institute (CDRI), Lucknow, Índia, para prosseguir estudos de doutoramento sob a supervisão do Dr. Arun K. Shaw. Foi-lhe conferido o grau de doutor em Química em 2010. O Dr. Saquib recebeu posteriormente a prestigiada bolsa UGC-Dr. D. S. Kothari para realizar investigação pós-doutoral sob a orientação do Prof. Jagdamba Singh no Departamento de Química,

Universidade de Allahabad. Trabalhou depois como Professor Assistente de Química no S. S. Khanna

Girls P. G. Degree College, Allahabad (um colégio constituinte da Universidade de Allahabad) antes de assumir o cargo atual de Professor Assistente no Departamento de Química da Universidade King Khalid, Abha, Reino da Arábia Saudita. Os seus interesses de investigação centram-se no desenvolvimento de novas metodologias para a síntese de produtos naturais quiralmente puros como pequenas moléculas, no desenvolvimento de novas vias sintéticas ecológicas para a síntese de importantes estruturas heterocíclicas e de açúcar, na conceção e síntese de açúcar não natural e de açúcar-heretociclo com base em moléculas biologicamente activas, na síntese de estruturas metal-orgânicas, corantes, sensores com base em compostos orgânicos e catalisadores e nanocatalisadores suportados. Publicou 24 artigos de investigação e

Conteúdo

Prefácio

Durante várias décadas, os esteróides, uma classe generalizada de compostos orgânicos naturais que ocorrem em animais, plantas e fungos, têm sido um dos principais tópicos de interesse para os químicos de produtos naturais e medicinais, uma vez que apresentam uma série de actividades biológicas e farmacológicas. A estrutura central dos esteróides é composta por dezassete átomos de carbono, ligados em quatro anéis "fundidos": três anéis de ciclo-hexano de seis membros e um anel de ciclopentano de cinco membros (o anel D). Os esteróides têm duas funções biológicas principais: certos esteróides (como o colesterol) são componentes importantes das membranas celulares para modificar a fluidez das membranas e muitos esteróides são moléculas sinalizadoras que activam os receptores das hormonas esteróides. Entre os esteróides sintéticos com valor terapêutico contam-se um grande número de agentes anti-inflamatórios, agentes anabólicos (estimulantes do crescimento) e contraceptivos orais. Os glucocorticóides têm propriedades anti-inflamatórias que reduzem a vasodilatação, estabilizam os mastócitos, diminuindo assim a libertação de histamina, e mantêm a permeabilidade normal do sangue, evitando assim o edema. Inibem igualmente a produção de prostaglandinas, que medeiam alguns dos efeitos da inflamação. São amplamente utilizados no tratamento de uma série de doenças inflamatórias de vários órgãos, incluindo o olho (por exemplo, conjuntivite alérgica e vernal, doenças da córnea e oftalmia simpática). Os glucocorticóides naturais, como a cortisona e a hidrocortisona, só são eficazes em doses elevadas. Os esteróides sintéticos e mais potentes são utilizados no tratamento oftálmico (quando utilizados como preparações oftálmicas, são designados por corticosteróides). Estes incluem a betametasona, a dexametasona, a fluorometolona, a prednisolona e a triamcinolona. Os autores apresentam uma visão geral concisa centrada nos pró-fármacos esteróides e na sua rica diversidade molecular estrutural e capacidade de interagir com vários alvos e vias biológicas. Este livro também apresenta os pró-fármacos sintéticos mais relevantes da prednisolona, dexametasona, testosterona, estrona, estradiol e estrogénio, minimizando os problemas de solubilidade em água. Esperamos que os estudantes de licenciatura e pós-graduação, bem como os investigadores e docentes, encontrem informações interessantes e actualizadas sobre a enorme versatilidade dos pró-fármacos esteróides.

Mohammad Faheem Khan

Mohd. Kamil Hussain

Mohammad Saquib

Lista de abreviaturas

DHT	: Dihydrotestosterone
HPLC	: High Pressure Column Chromatography
GIT	: Gastro Intestinal Tract
UV	: Ultraviolet
NMR	: Nuclear Magnetic Resonance
IR	: Infra Red
CHN	: Carbon Hydrogen Nitrogen
IBD	: Inflammatory Bowel Disease
DMAP	: Dimethyl Amino Pyridine
DCC	: Dicyclohexylcarbodiimide
TFA	: Trifluoroacetic acid
DOX	: Doxorubicin
ER	: Estrogen Receptor
PR	: Progesterone Receptors
MeOH	: Methanol
AZT	: Azidothymidine
DMF	: Dimethyl Formamide
TS	: Testosterone
DHT	: Dihydrotestosterone
BPH	: Benign prostatic hyperplasia
LDL	: Low Density Lipoprotein
PEG	: Polyethylene Glycol

Capítulo 1

Esteróides: Como metabolitos secundários bioactivos privilegiados

1.1 Introdução

Os produtos naturais representam estruturas privilegiadas, que foram optimizadas através da evolução para exercerem os seus efeitos e, por conseguinte, podem representar estruturas úteis para a descoberta, conceção e síntese de novas moléculas [1]. As plantas e os microrganismos constituem fontes disponíveis de metabolitos secundários bioactivos estruturalmente diversos com propriedades medicinais e, ainda hoje, constituem uma grande parte destas ferramentas disponíveis para utilização clínica ou desenvolvimento de medicamentos. Os esteróides são um grupo de lípidos cujas estruturas químicas são caraterísticas do mundo vivo. Encontram-se em todos os organismos eucariotas e apresentam uma grande variedade de propriedades biológicas diferentes com funções importantes *in vitro* e *in vivo*, tais como reguladores fisiológicos, hormonas e provitaminas [2].

1.2 Estrutura do esteroide

As estruturas dos esteróides baseiam-se no esqueleto do 1, 2-ciclopenteno peridrofenantreno com uma disposição de dezassete átomos de carbono numa estrutura de quatro anéis, sendo três compostos por 6 carbonos (anéis A, B e C) seguidos de um com 5 carbonos (anel D). Os grupos metilo estão normalmente presentes nas posições C-10 e C-13. Uma cadeia lateral de alquilo pode também estar presente na posição C-17 [3]. De acordo com a disposição sistemática dos anéis, os esteróides têm seis tipos de esqueletos básicos, como o gonano (C17), o estrano (C18), o androstano (C19), o pregnano (C21), o colano (C24) e o colestano (C27), conforme ilustrado na figura 1. Deve notar-se que a espinha dorsal de 4 anéis da testosterona, e de todos os outros esteróides, não é plana. Em vez disso, todos os anéis estão ligeiramente contorcidos para minimizar as interações entre os átomos e para atingir o ângulo de ligação ideal de 109,5°. Devido a esta contorção, a molécula não é plana. Se observássemos uma molécula de esteróides de lado, não veríamos todos os átomos em linha reta, como uma folha de papel. Em vez disso, alguns dos anéis podem ser em forma de V, enquanto outros têm a forma de uma cadeira [4].

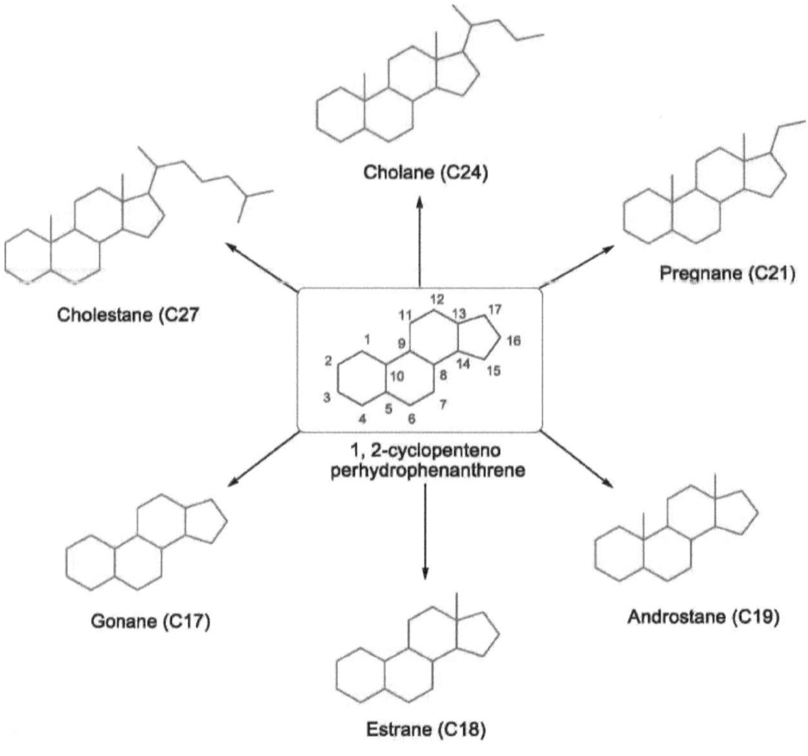

Figura 1: Esqueleto básico de importantes farmacóforos esteróides

1.3 Tipos de esteróides

A sua estrutura central de anel tetracíclico é sintetizada em cada organismo por vias bioquímicas que envolvem a ciclização de uma cadeia de trinta carbonos, o esqualeno, num intermediário, o lanosterol ou o cicloartenol. A partir destes intermediários, os organismos obtêm esteróides bem conhecidos, como o colesterol, as hormonas sexuais (progesterona, estrogénio e testosterona), os corticosteróides (aldosterona ou mineralocorticóides) e os ácidos biliares [5].

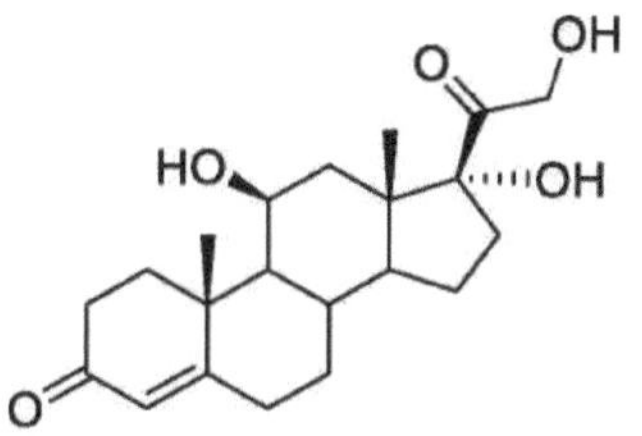

Corticoids Skeleton

Os corticóides são um grupo de hormonas esteróides quimicamente relacionadas e são utilizadas para equilibrar a resposta ao stress, o fluxo de energia, a temperatura corporal, o equilíbrio hídrico e outros processos essenciais. Os corticóides incluem dois grandes grupos de hormonas, como os glucocorticóides e os mineralocorticóides. Ambas são segregadas pelo córtex suprarrenal, situado mesmo por cima dos rins, para regular os diferentes metabolismos [6].

Os glucocorticóides estão associados à conversão das reservas de açúcar, gordura e proteínas em energia utilizável; à inibição do inchaço e da inflamação; e à supressão das respostas imunitárias do organismo. São frequentemente designadas por "hormonas do stress", fornecendo a energia necessária para combater o stress físico ou emocional, incluindo febre, doença, ferimentos ou ameaças à segurança.

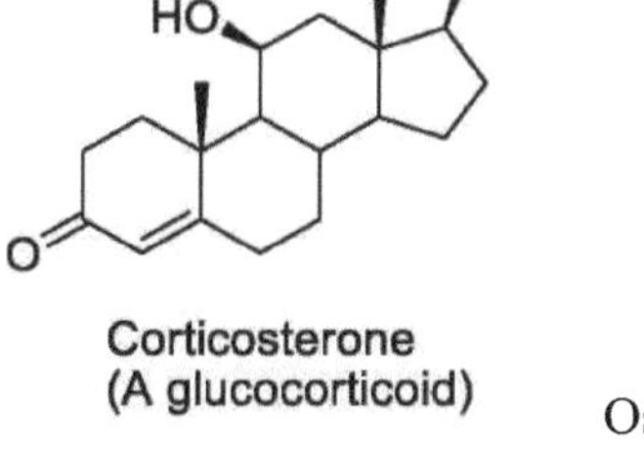

Corticosterone
(A glucocorticoid)

Os seus sinais para o fígado, gordura e músculo aceleram a decomposição química/metabolismo do açúcar, gordura e proteína armazenados. A hidrocortisona, também designada por cortisol, corticosterona, 11-deoxicortisol e cortisona, é o tipo de glucocorticoide que se encontra na maioria dos vertebrados. O cortisol é o glucocorticoide mais abundante e potente nos seres humanos e nos peixes. A corticosterona é mais potente nos anfíbios, répteis e aves [7].

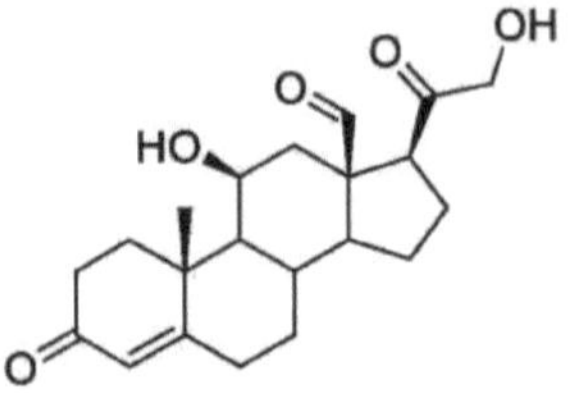

Aldosterone
(A Mineralocorticoid)

Os mineralocorticóides regulam os níveis de minerais como o sódio, o potássio e o hidrogénio para manter o equilíbrio da água dentro e à volta das células. Actuando principalmente nos rins, no cólon e nas glândulas salivares, orientam as células para reterem sódio e excretarem iões de potássio e hidrogénio na urina. Quando o sódio é retido, a água também é retida, aumentando a quantidade total de sangue circulante e elevando a pressão arterial. Os sensores de pressão arterial no rim ajudam a ativar ou desativar a libertação de mineralocorticóides, de modo a manter o equilíbrio correto. A aldosterona é o principal mineralocorticóide [8].

A testosterona pertence a uma classe de produção de testosterona masculina.

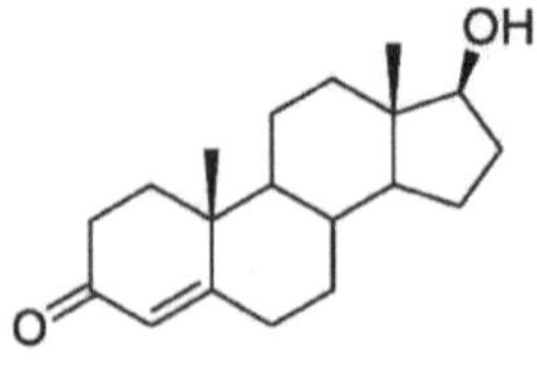

Testosterone

O hipotálamo dá instruções à glândula pituitária sobre a quantidade de testosterona a produzir, hormonas chamadas androgénios, por vezes designadas por esteróides ou esteróides anabolizantes. Nos homens, a testosterona é produzida principalmente nos testículos, com uma pequena quantidade produzida nas glândulas supra-renais. O hipotálamo e a glândula pituitária do cérebro controlam e a glândula pituitária passa a mensagem para os testículos.

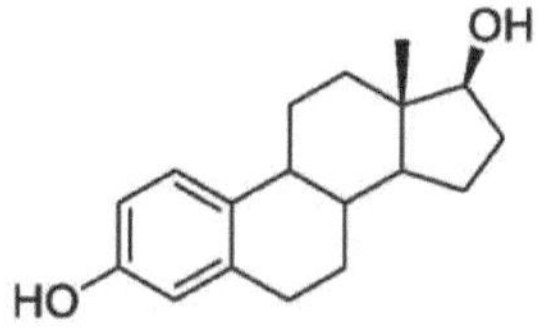

Estrogen

Estas comunicações ocorrem através de substâncias químicas e hormonas na corrente sanguínea [9] Os estrogénios são as principais hormonas sexuais femininas, responsáveis pelo desenvolvimento e regulação do sistema reprodutor feminino e das caraterísticas sexuais secundárias. Os três principais estrogénios que ocorrem naturalmente nas mulheres são a estrona (E1), o estradiol (E2) e o estriol (E3). O estrogénio natural mais potente é o estradiol; os estrogénios menos potentes são a estrona, o estriol e outros esteróides fenólicos oxigenados que são metabolitos do estradiol. A progesterona é uma hormona sexual esteroide endógena envolvida no ciclo menstrual, na gravidez e na embriogénese dos seres humanos e de outras espécies [9].

1.4 Conclusão

O objetivo deste capítulo é compilar de forma sistemática a informação básica relacionada com esta classe de metabolitos secundários, os esteróides. Trata-se de um grupo de compostos lipofílicos, de baixo peso molecular, derivados do colesterol, que se encontram/derivam de uma variedade de fontes marinhas, terrestres e sintéticas. Todos os esteróides são derivados do colesterol e, por conseguinte, todos têm um esqueleto básico semelhante, o peridro-1,2-ciclopentenofenantreno. Estão frequentemente associados a efeitos nocivos para a saúde, têm muitas aplicações medicinais e a investigação prossegue na procura destes metabolitos secundários como potenciais condutores na conceção/descoberta de medicamentos. Os esteróides sintéticos estão a ser amplamente utilizados como anti-hormonas, medicamentos contraceptivos, agentes *anticancerígenos*, agentes cardiovasculares, medicamentos contra a osteoporose, *antibióticos*, anestésicos, *anti-inflamatórios* e anti-asmáticos.

1.5 Referências

1. Parihar S., Kumar A., Chaturvedi AK., Sachan NK., Luqman S., Changkija B., Manohar M., Prakash O., Chanda D., Khan F., Chanotiya CS., Shanker K., Dwivedi A., Konwar R., Negi AS. Síntese de análogos da combretastatina A4 em estrutura esteroide e sua atividade anti-cancro da mama. *J. Steroid Biochem. Mol. Biol.,* **2013**, 137, 332-344.

2. Wallimann P., Marti T., Furer A., Diederich F. Steroids in Molecular Recognition. *Chem. Rev.*, 1997, 97, 1567-1608.

3. Lednicer D. *Steroid Chemistry at a Glance*. Hoboken: Wiley. **2011**, ISBN 978-0-470-66084-3.

4. Structures of Important Steroids, Univ. of Main Dept. of Chemistry, 26, Sept. **2002**. http ://chemi stry. umeche. maine. edu/ CHY132/Ster-stat. html

5. David WN. Biosynthesis of Cholesterol and Other Sterols. *Chem Rev.* **2011**, 111(10), 6423-6451.

6. Nussey S., Whitehead S. *Endocrinology: An Integrated Approach.* **2001**, Oxford: BIOS Scientific Publishers.

7. Ibrahim MH., Wanhong W. Alterações neuroendócrinas após exposição a odores de predadores. *Physiol. Behav.*, **2014,** 131, 149-155.

8. Dolman D., Edmonds CJ. The effect of aldosterone and the reninangiotensin system on sodium, potassium and chloride transport by proximal and distal rat colon in vivo. *J. Physiol.***1975**, 250(3), 597-611.

9. Kicman AT. Farmacologia dos esteróides anabolizantes. *Br. J. Pharmacol.* **2008**, 154(3), 502-521.

Capítulo 2

Prodrugs: Uma visão geral

2.1 Introdução

Estima-se que cerca de 10% dos medicamentos aprovados a nível mundial podem ser classificados como pró-fármacos e a implementação de uma abordagem de pró-fármacos nas fases iniciais da descoberta de medicamentos é uma tendência crescente. Além disso, até à data, cerca de um terço de todos os medicamentos de pequeno peso molecular aprovados eram pró-fármacos. A acetanilida, um pequeno composto aromático, é o primeiro composto que preenche os critérios clássicos de um pró-fármaco. Foi introduzido pela primeira vez (sob o nome de Antifebrina) na prática médica por Cahn e Hepp em 1867. A acetanilida é hidroxilada em acetaminofeno biologicamente ativo (nome comercial: paracetamol) como agente antipirético [1]. A aspirina também actua como pró-fármaco, sintetizada em 1897 por Flix Hoffmann e introduzida na medicina por Dreser em 1899. O termo pró-fármaco foi introduzido (1958) por Adrian Albert. O pró-fármaco é o derivado biologicamente inerte de uma molécula de fármaco que sofre uma conversão enzimática e/ou química *in vivo* para libertar o fármaco original farmacologicamente ativo que exerce o(s) efeito(s) terapêutico(s) pretendido(s)". O pró-fármaco deve ser convertido no fármaco original assim que atinge o seu objetivo, seguindo-se o subsequente metabolismo rápido e/ou a eliminação do grupo ativo libertado. Alguns fármacos são libertados apenas depois de atingirem os seus alvos de ação [2]. A representação esquemática do conceito de pró-fármaco é apresentada na Fig. 2.

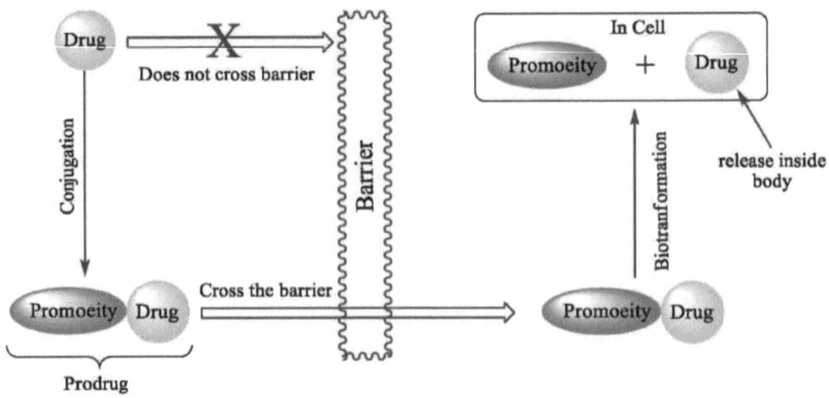

Figura 2: representação esquemática do mecanismo de ação do pró-fármaco

A estratégia dos pró-fármacos é uma das abordagens mais promissoras para aumentar a eficácia terapêutica e/ou reduzir os efeitos adversos dos agentes farmacologicamente activos *através de* diferentes mecanismos para melhorar a biodisponibilidade oral e atingir objectivos específicos no paradigma da descoberta de medicamentos [3]. São necessários três objectivos básicos para conceber e produzir um pró-fármaco adequado: (1) Os objectivos farmacêuticos incluem a melhoria da solubilidade e da estabilidade química, uma vez que alguns fármacos têm uma biodisponibilidade muito baixa devido à fraca solubilidade aquosa (por exemplo, corticosteróides, dopamina); a diminuição da irritação e/ou da dor após a administração local (por exemplo, cloranfenicol) e a redução dos problemas relacionados com a tecnologia farmacêutica do agente ativo. (2) Os objectivos farmacocinéticos incluem a melhoria da absorção por via oral e/ou não oral (p. ex., ampicilina e epinefrina) e o aumento da administração selectiva do agente ativo nos órgãos/tecidos (*p. ex.,* propranolol). (3) Os objectivos farmacodinâmicos incluem a diminuição da toxicidade, a melhoria do índice terapêutico e a conceção de entidades químicas únicas que combinem dois fármacos.

2.2 Classificação dos pró-fármacos:

Existem três tipos [4]

a) <u>Pró-fármacos ligados a um veículo</u>: Estes pró-fármacos consistem na ligação de um grupo de transporte ao fármaco ativo para alterar as suas propriedades físico-químicas. Os grupos de transporte são destacados através de um mecanismo enzimático ou não enzimático.

b) **Pró-fármacos bioprecursores:** Estes pró-fármacos não contêm uma ligação temporária entre o fármaco ativo e o transportador, mas são concebidos a partir de uma modificação molecular do próprio princípio ativo. Por exemplo, a fenilbutazona.

c) **Pró-fármacos poliméricos:** Estes pró-fármacos são fármacos dispersos ou incorporados num sistema polimérico (natural ou sintético) sem qualquer ligação química entre o fármaco e o polímero. Por exemplo, mostarda de fenileno diamina

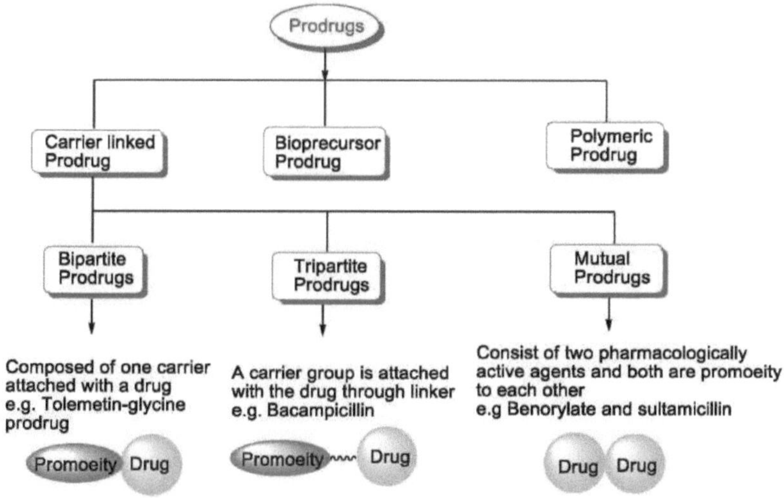

Figura 3: Árvore de classificação de Prodrugs

Com base na forma como o organismo converte o pró-fármaco na forma ativa final, os pró-fármacos podem ser classificados em dois tipos principais [4]

1. **Pró-fármacos de tipo I:** São bioactivados no interior das células (intracelularmente), como os análogos nucleósidos antivirais que têm de ser fosforilados e as estatinas hipolipemiantes.
2. **Pró-fármacos de tipo II:** Estes são bioactivados fora das células (extracelularmente), especialmente nos fluidos digestivos ou no sistema circulatório do corpo, particularmente no sangue, incluindo a salicina e certos anticorpos, genes ou pró-fármacos enzimáticos dirigidos por vírus utilizados em

quimioterapia ou imunoterapia.

Os pró-fármacos intracelulares são moléculas activas temporariamente ligadas a um transportador através de uma ligação covalente bio-reversível. Uma vez no corpo, o pró-fármaco ligado ao transportador sofre biotransformação, libertando o fármaco original e o transportador. Idealmente, o transportador deve ser não imunogénico, fácil de sintetizar a baixo custo, estável nas condições de administração do pró-fármaco e sofrer biodegradação em metabolitos não activos [5]. Com base no local de conversão no agente farmacologicamente ativo, os pró-fármacos do tipo I e do tipo II podem ser adicionalmente classificados em cinco grupos:

- Pró-fármacos de tipo IA: metabolizados nos alvos celulares das suas acções terapêuticas, por exemplo, aciclovir, zidovudina
- Pró-fármacos do tipo IB: convertidos em fármacos originais por tecidos metabólicos, nomeadamente pelo fígado, por exemplo, carbamazepina, captopril, molsidomina, primidona
- Fármaco de tipo IIA: no meio do fluido gastrointestinal, por exemplo, óxido de loperamida
- Tipo IIB Fármaco no sistema circulatório e/ou noutros compartimentos do fluido extracelular, por exemplo, aspirina, bambuterol, fosfenitoína.
- Tipo IIC Pró-fármaco próximo ou no interior do alvo terapêutico/células.

2.3 Alguns exemplos de pró-fármacos [1, 7, 8]

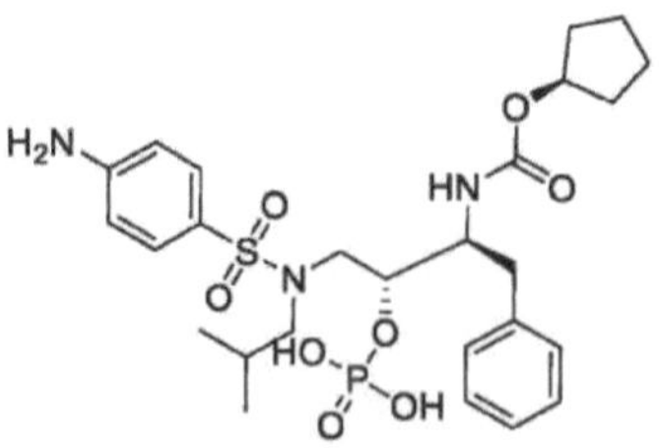

Fosamprenavir
(Phosphate ester of amprenavir)

(Antiviral/Antiaids drug)
act as protease inhibitor

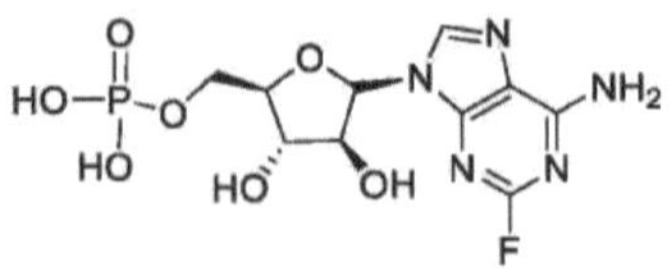

Fludarabine phosphate
(Phosphate ester of fludarabine)

(chemotherapy drug)
used in the treatment of hematological malignancies.

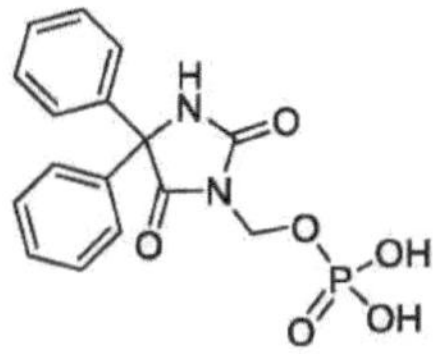

Fosphenytoin
(Phosphate ester of phenytoin)

(Anticonvulsive drug)
used to treat status epilepticus

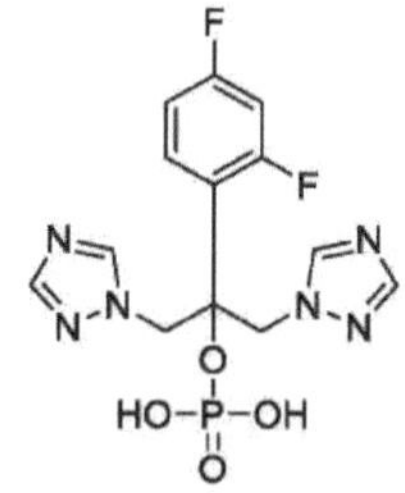

Fosfluconazole
(Phosphate ester of flucanazole)

(Antifungal drug)
used in the treatment and prevention of superficial and systemic fungal infections

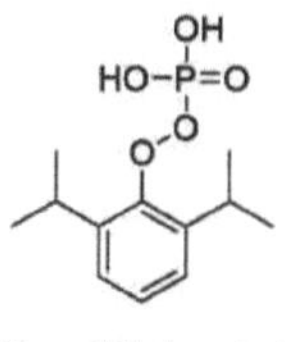

Propofol phosphate
(Phosphate ester of propofol)

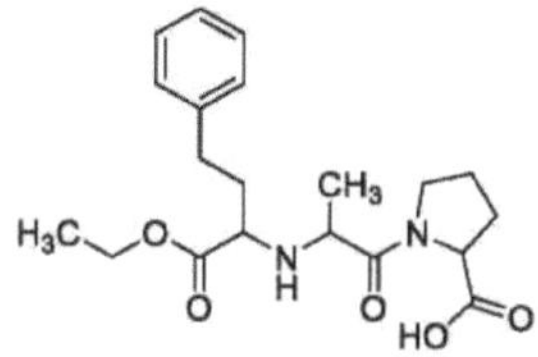

Enalapril
(Monoethyl ester of Enalaprilat)

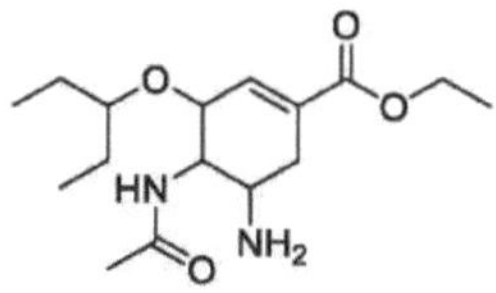

Oseltamivir or Tamiflu
(Ethyl ester of oseltamivir)

(Antiinfluenza drug)
used as neuraminidase inhibitor

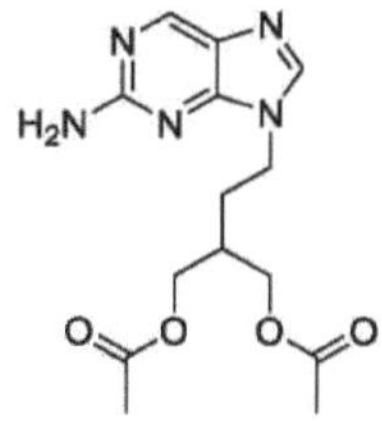

Famciclovir
(Dimethyl ester of Penciclovir)

(Antiviral)
used to treat herpes

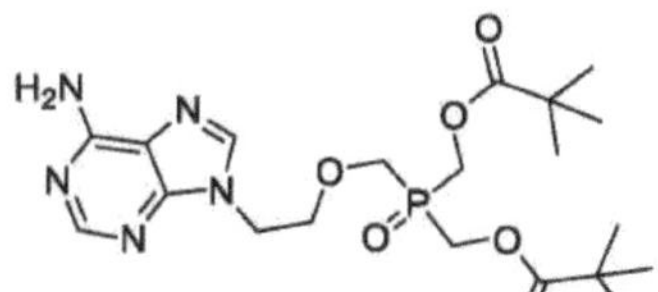

Adefovir dipivoxil
bis-(pivaloyloxymethyl) ester of adefovir
(Antiviral)

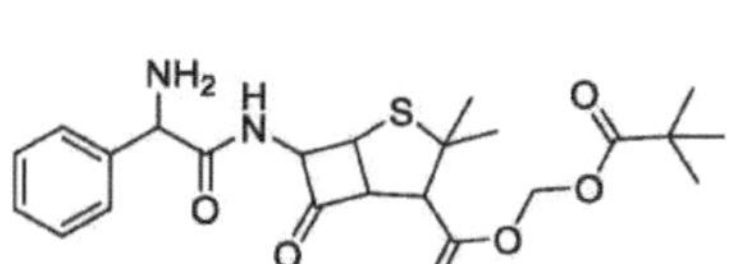

Pivampicillin
pivaloylmethyl ester of ampicillin
(Antibiotic)

2.4 Conclusão

O presente capítulo explica a introdução e as aplicações da conceção de pró-fármacos em várias áreas do desenvolvimento de medicamentos. Os pró-fármacos são derivados quimicamente inactivos sintetizados a partir das suas partes activas devido às suas propriedades vantajosas, tais como maior estabilidade, melhor solubilidade e maior permeabilidade. A estratégia dos pró-fármacos é um dos métodos mais eficazes para aumentar a biodisponibilidade dos compostos, a fim de resolver algumas caraterísticas desfavoráveis e reduzir o metabolismo de primeira passagem, aumentar a absorção do fármaco, prolongar a duração da ação ou a semi-vida biológica e conseguir um melhor transporte seletivo para os tecidos/órgãos no caso de formas de administração de fármacos não orais. Apesar dos notáveis progressos realizados no domínio da conceção de pró-fármacos, são claramente necessários mais estudos, especialmente nas fases iniciais da descoberta de fármacos, para que estes ocupem um lugar adequado na farmacoterapia moderna.

2.5 Referências

1. Jolanta B., Zawilska JW., Agnieszka BO. Prodrugs: Um desafio para o desenvolvimento de medicamentos. *Pharmacol. Rep.*, **2013**, 65, 1-14.

2. Rautio J., Kumpulainen H., Heimbach T., Oliyai R., Oh D., Jarvinen T., Savolainen J. Prodrugs: design and clinical applications. *Nat. Rev. Drug Discov.*, **2008**, 7, 255-270.

3. Tiantian Y., Kun Y., Wenji Z., Shuangshuang S., Fen C., Xinggang Y., Shujun W., Jianwei B., Weisan P. Prodrugs incorporated into nanotechnology-based drug delivery systems for possible improvement in bioavailability of ocular drugs delivery. *Asian J. Pharm. Sciences*, **2013**, 8, 207-217.

4. Wu KM. Uma nova classificação de pró-fármacos: Perspectivas regulamentares. *Pharmaceuticals*. **2009**, 2(3), 77-81.

5. Srinivas NR. A racionalidade da utilização da abordagem de pró-fármacos em programas de descoberta de novos xenobióticos: oportunidades e desafios. *Eur. J. Drug Met. Pharmacokinet.*, **2011**, 36, 49-59.

6. Eron JJr., Yeni P., Gathe JJr., Estrada V., DeJesus E., Staszewski S., Lackey P., Katlama C., Young B., Yau L., Sutherland-Phillips D., Wannamaker P., Vavro C., Patel L., Yeo J., Shaefer M. The KLEAN study of fosamprenavir-ritonavir versus lopinavir-ritonavir, cada um em combinação com abacavir-lamivudina, for initial treatment of HIV infection over 48 weeks: a randomised non-inferiority trial. *Lancet* **2006**, 368 (9534), 476-482.

7. Rautio J., Kumpulainen H., Heimbach T., Oliyai R., Oh D., Jarvinen T., Prodrugs: design and clinical applications. *Nat. Rev. Drug Discov.*, **2008**, 7, 255-270.

Capítulo 3

Esteróides sob a forma de pró-drogas

3.1 Introdução

Atualmente, os derivados esteroidais ocupam um amplo espetro de utilidade clínica e são bem conhecidos no mercado global como a classe terapêutica mais diversificada de compostos. Estes estão a ser amplamente utilizados em medicamentos modernos e há muito que são utilizados no tratamento de várias doenças [1]. Com base nestas estruturas, os químicos sintéticos e medicinais sintetizam novos derivados de esteróides que são utilizados há muito tempo no tratamento de vários tipos de doenças, tais como artrite reumatoide, asma brônquica [2], efeitos linfolíticos, leucemia aguda e cancro da próstata [3]. Apresentam actividades biológicas anti-inflamatórias (por exemplo, corticosteróides) [4]; imunossupressoras, neuroactivas [5], citotóxicas e anticancerosas [6]. Melhoram o anabolismo através do aumento da síntese muscular e óssea (por exemplo, aldosterona), da regulação do metabolismo, da função imunitária, da manutenção do volume sanguíneo e do controlo da excreção renal de electrólitos.

Os esteróides, como as cortisonas, são potentes supressores do sistema imunitário e são utilizados para tratar doenças como as auto-imunes, a rejeição de transplantes de órgãos, a artrite, a inflamação da pele, das mucosas e dos olhos, bem como doenças neoplásicas como o linfoma [7]. Há uma variedade de efeitos secundários deletérios associados a doses prolongadas ou elevadas de esteróides, como fadiga, perda de massa muscular, perda óssea que resulta em fracturas patológicas, retenção de sal e líquidos, hipertensão, doenças cardíacas e necrose avascular das superfícies articulares dos ossos que suportam o peso, como as ancas [8]

As modificações no esqueleto básico dos esteróides, a derivatização, a introdução de heteroátomos e a formação de agentes alquilantes de esteróides transformaram os compostos inactivos ou já activos em compostos fortemente activos. Quando um esteroide tem um éster ligado, o esteroide torna-se inativo, porque o éster impede-o de se ligar a um recetor. Para que o esteroide se torne de novo ativo, a enzima esterase deve separar o éster e restaurar o hidrogénio para formar o grupo hidroxilo ligado ao C17. Uma vez que a molécula é convertida novamente em testosterona, é capaz de se ligar a um recetor e é um esteroide ativo. Os ésteres estão geralmente ligados ao C17, embora por vezes se encontrem no C3. Do mesmo modo, observa-se também que a adição da porção esteroide confere uma maior atividade em comparação com o candidato a fármaco isolado. Os adrenocorticosteróides possuem efeitos linfolíticos e são capazes de suprimir a mitose nos linfócitos, enquanto os glucocorticóides são úteis no tratamento de linfomas malignos e leucemias agudas em crianças, por exemplo, a prednisona e a dexametasona [9], Fedorak, et al. descreveram a dexametasona-β-D-glucuronido [10]; McLoed, et al, descreveram o dexametasona-succinato-dextranos [11]; e Hochhaus, et al., descreveram o dexametasona-21-sulfobenzoato de sódio e o dexametasona-21-isonicatinato para aumentar a solubilidade efectiva do esteroide na água [12]. O ácido colénico é um esteroide inativo; o seu pró-fármaco conjugado com o AZT melhora a lipofilicidade, a biodisponibilidade e a estabilidade metabólica [13]. Na molécula de testosterona, o grupo hidroxilo está presente na posição C17, enquanto o hidroxilo em C3 foi substituído por um carbonilo (oxigénio com ligação dupla).

No entanto, por vezes, podem ser adicionadas outras cadeias laterais de átomos através destes dois lados, formando compostos como o cipionato de testosterona, o enantato de testosterona e o propionato de testosterona, etc. Estas cadeias laterais são conhecidas como ésteres, são normalmente compostas por C, H e O e controlam a velocidade a que o esteroide é libertado na corrente sanguínea. Os ésteres maiores são libertados na corrente sanguínea mais lentamente, uma vez que o éster diminui a solubilidade do esteroide em água e aumenta a sua solubilidade em gordura. No cipionato de testosterona, o hidrogénio do grupo hidroxilo em C17 foi removido e substituído por uma cadeia lateral de 8 carbonos contendo um anel ciclopentano e um grupo carbonilo (=O). Este é um dos maiores ésteres da testosterona. Por ordem de tamanho, do menor peso molecular para o maior, os ésteres da testosterona são: acetato, propionato, fenilpropionato, isocaproato, caproato, enantato, cipionato, decanoato, undecilenato, undecanoato, laurato. A testosterona é facilmente convertida no organismo em dihidrotestosterona (DHT). A estrona, sintetizada a partir da diosgenina, tem sido utilizada como material de partida para a síntese de esteróides androgénicos e progestagénicos sem um grupo metilo C19 (esteróides 19-nor). Os estrogénios sintéticos, como o estranol ou o mestranol, habitualmente utilizados em contraceptivos orais e para outros fins terapêuticos, têm substituintes acetilénicos (contendo ligações triplas entre átomos de carbono).

A progesterona possui uma estrutura cetónica insaturada no anel *A*. O pregnanediol, o principal metabolito da progesterona, não possui esta caraterística estrutural nem atividade progestacional. Os esteróides progestacionais sintéticos que são utilizados em contraceptivos orais e para outros fins terapêuticos são derivados da progesterona ou da 19-nortestosterona, como a noretandrolona. Por conseguinte, o desenvolvimento de derivados esteróides como agentes terapêuticos mais seguros e específicos pode ser considerado, sem dúvida, uma abordagem futurista promissora. Por conseguinte, apresentamos aqui uma lista de esteróides e dos seus pró-fármacos sintéticos que apresentam uma boa atividade farmacológica.

3.2 Lista de vários agentes esteróides utilizados como pró-fármacos (Quadro: 1)

S.No	Steroid Drug	Steroid Prodrug	Action
1	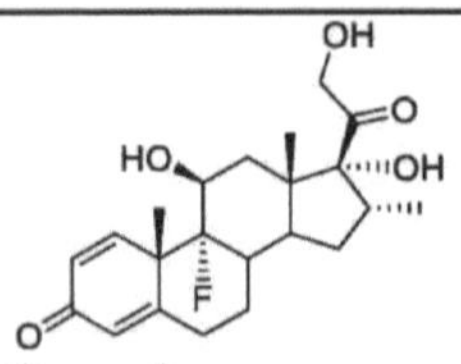 Dexamethasone	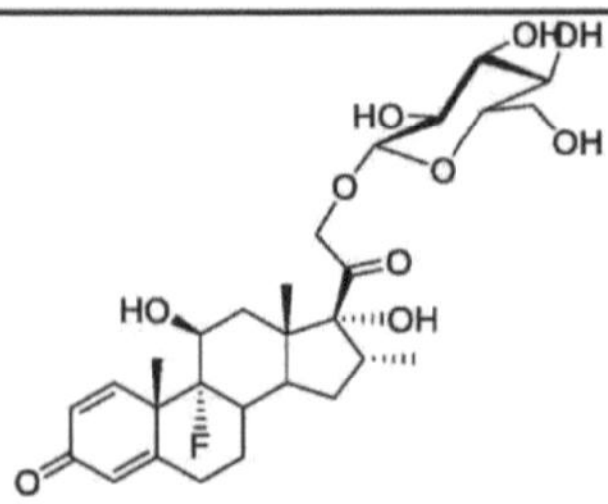 Dexamethasone-β-D-glucuronide	used as colonic delivery of the anti-inflammatory agent
		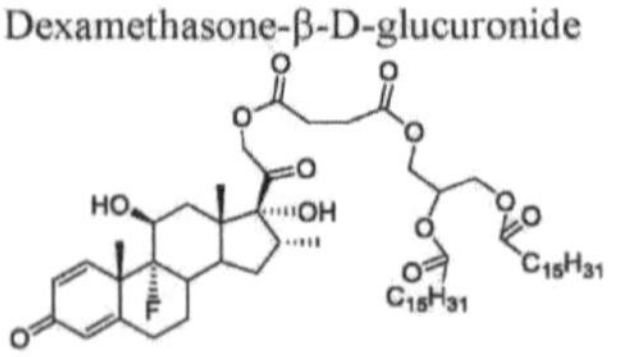 Dexamethasone-succinate dextrans	used as anti-inflammatory agent in treatment of Chronic or ulcerative colitis

		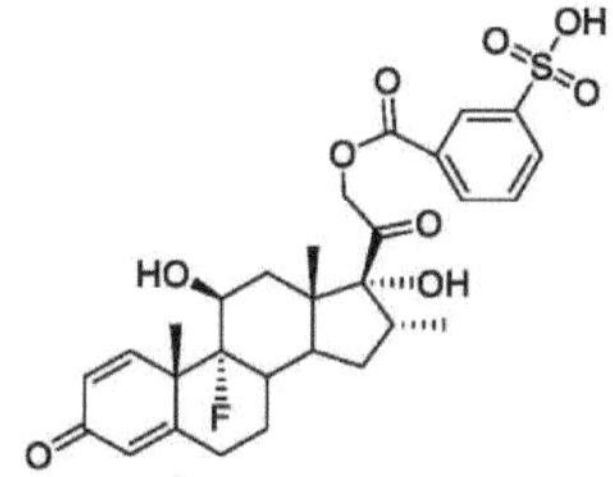 Dexamethasone-21-sulphobenzoate	used as anti-inflammatory agent
		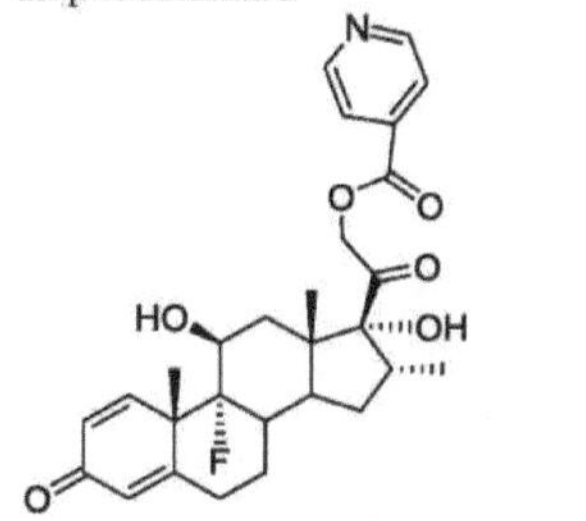 Dexamethasone-21-isonicatinate	Orally taken anti-inflammatory anti-allergic glucocorticoid. It may cause salt and water retention
		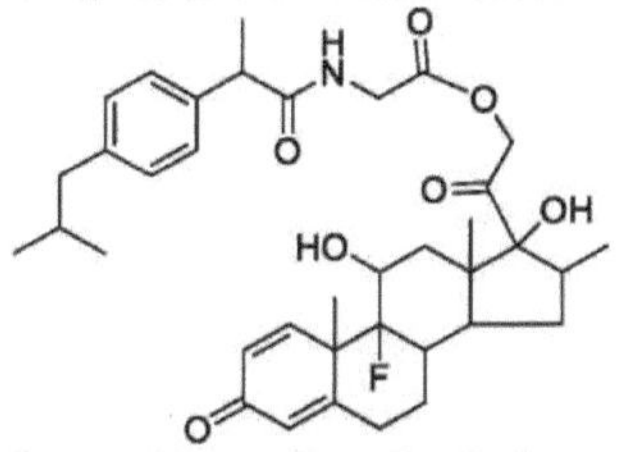 **Dexamethasone-ibuprofen-Dextran**	
2	Prednisolone 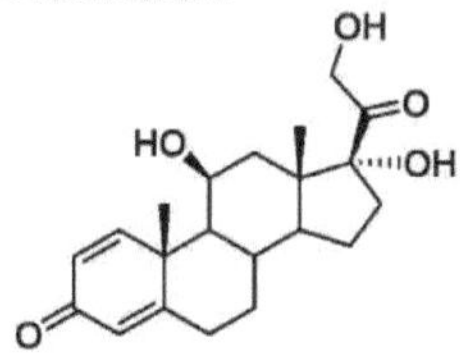	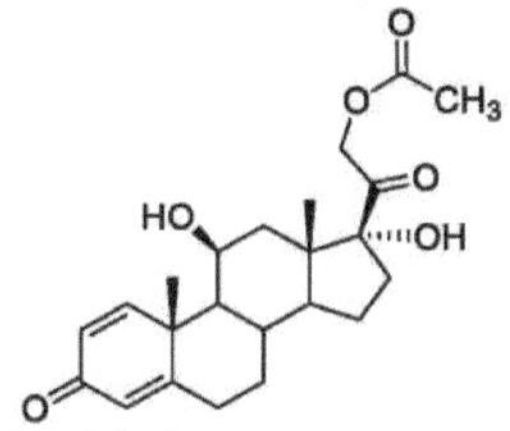 Prednisolone acetate	used to treat certain eye conditions due to inflammation or injury

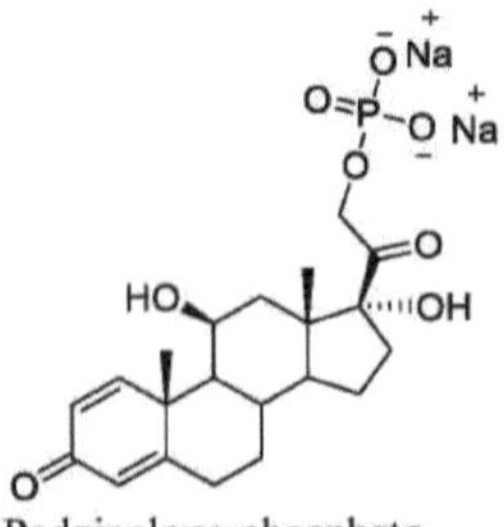 Pednisolone phosphate	used as immunosuppressive and anti-inflammatory agent
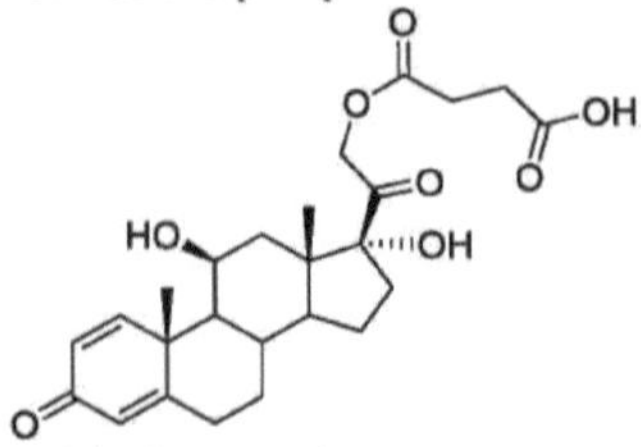 Pednisolone succinate	used as anti-inflammatory agent
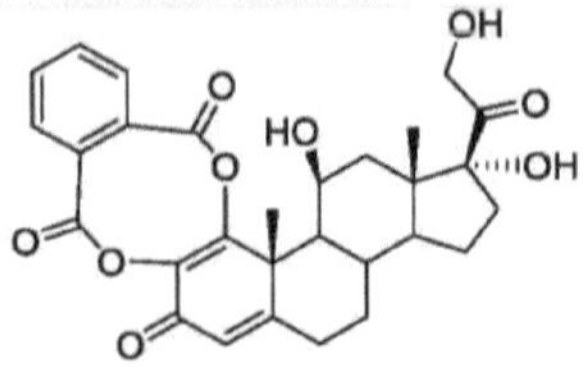 Pednisolone pthalate	used as anti-inflammatory agent
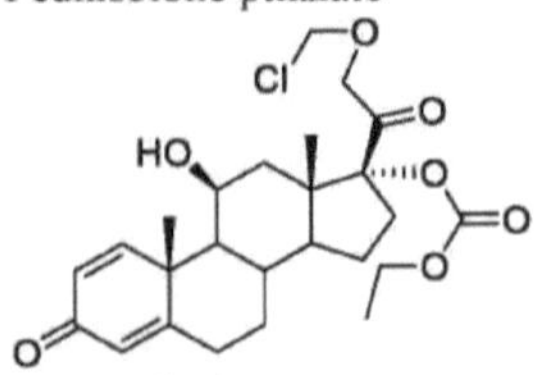 Loteprednol	used to treat inflammations of the eye
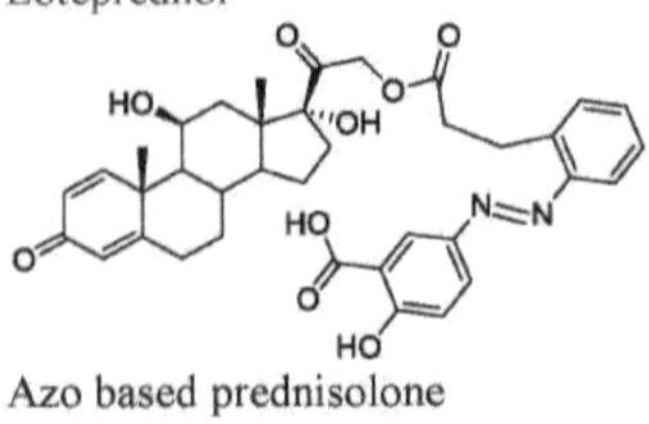 Azo based prednisolone	

		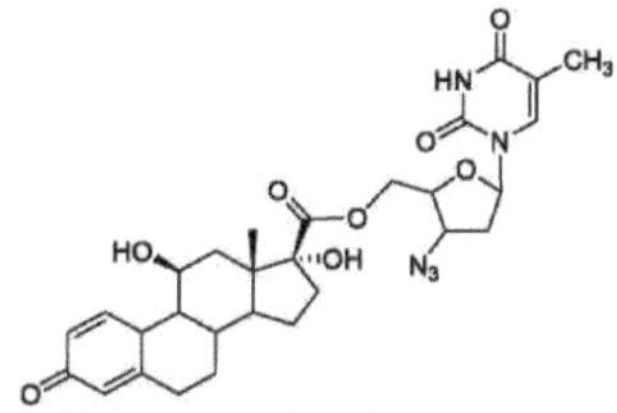 AZT based prednisolone	used as anti-HIV prodrug
3	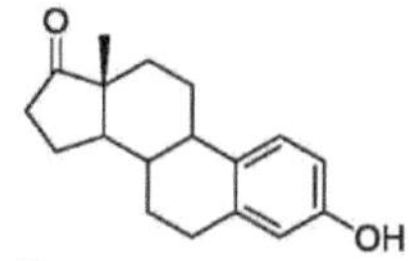 Estrone	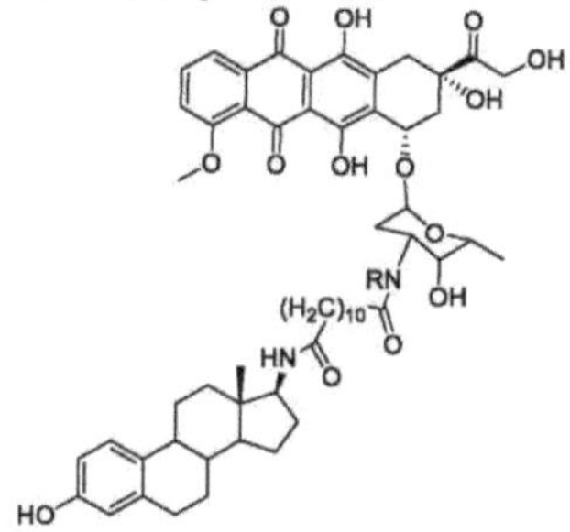 Estrone-17-amino-dodecane-doxorubicin	used as anti-estrogen prodrug
	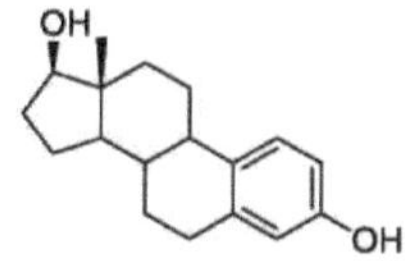 Estradiol	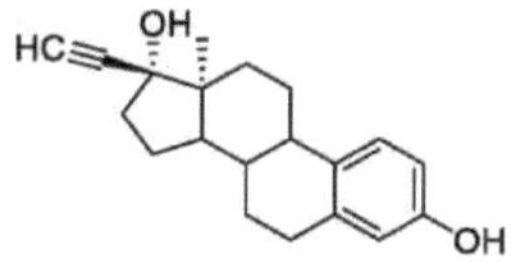 Ethenyl estradiol	used as a oral contraceptive agent
		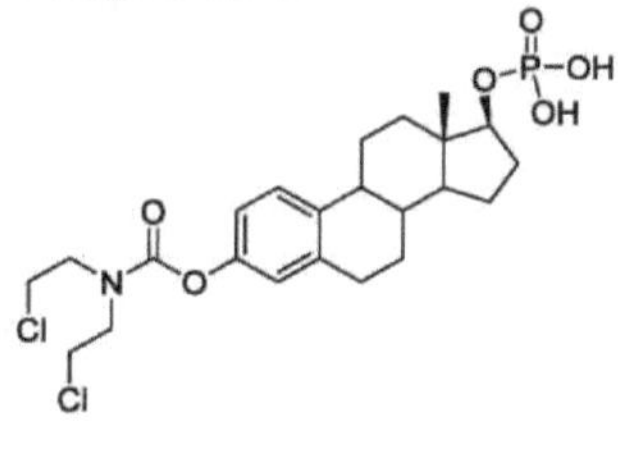 Estramustine phosphate	used in the treatment of prostate cancer as alkylating antineoplastic agent
4	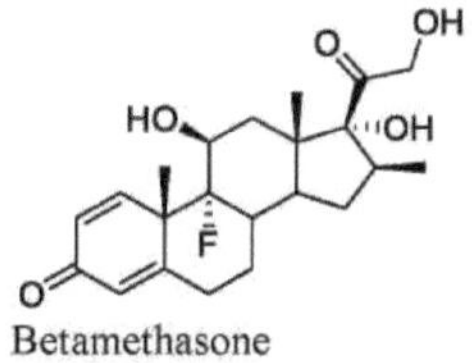 Betamethasone	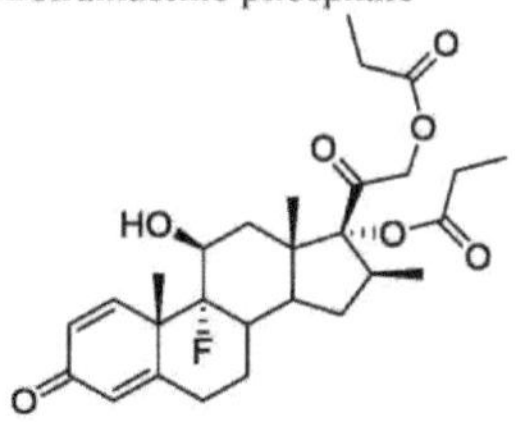	used as a anti-inflammatory and immunosuppressive agent in the form of topical cream, ointment, lotion or gel to treat itching and other minor skin conditions such

		Betamethasone dipropionate	as eczema.
5	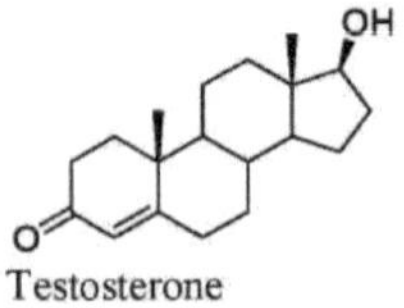 Testosterone	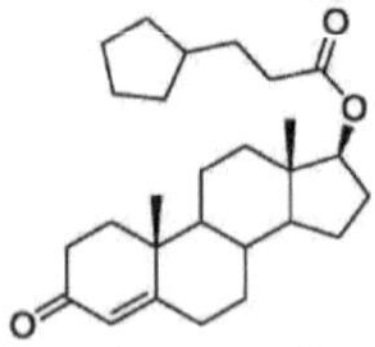 Testosterone cypionate	used in androgen replacement therapy
		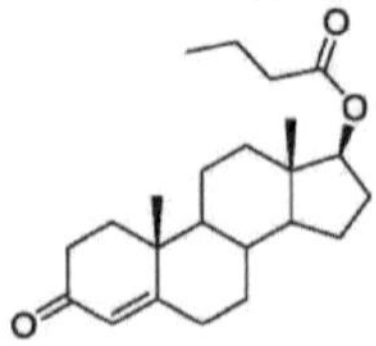 Testosterone propionate	used in androgen replacement therapy
		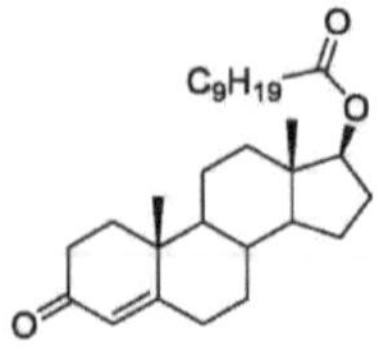 Testosterone undecanoate	used in androgen replacement therapy
		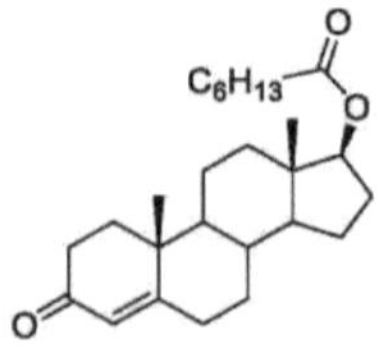 Testosterone enanthate	most widely used form of testosterone in androgen replacement therapy
		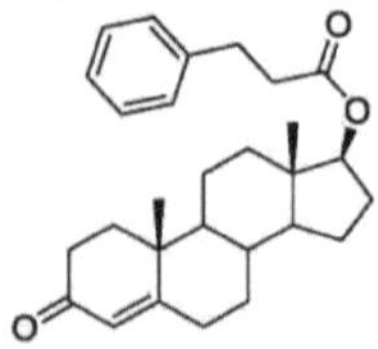 Testosterone phenylpropionate	used in androgen replacement therapy
6	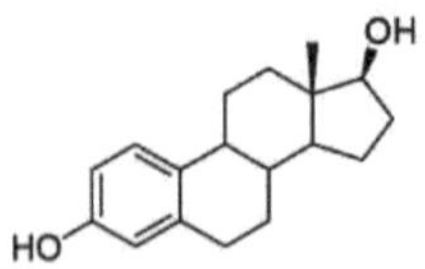 Estrogen	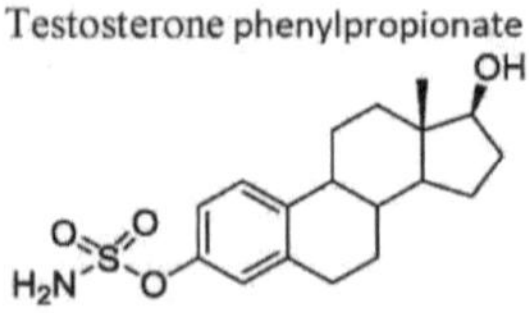 Estrogen sulfamates	used in oestrogen replacement therapy

3.3 Conclusão

Este capítulo mostra que os núcleos de esteróides, como a dexametasona, a prednisolona, a testosterona, o estrogénio e o androgénio, foram amplamente utilizados como modelo para a construção de pró-fármacos com diferentes propriedades biológicas. Este é um pré-requisito para a obtenção do produto final que mostra a utilidade, a viabilidade e o potencial do direcionamento de fármacos utilizando modelos esteróides. Estes pró-fármacos à base de esteróides têm sido amplamente utilizados no tratamento de várias doenças. Verificou-se que vários pró-fármacos produzem uma maior atividade biológica do que os esteróides iniciais com menos efeitos secundários. Por conseguinte, o desenvolvimento de derivados de esteróides como agentes terapêuticos mais seguros e específicos pode ser considerado, sem dúvida, uma abordagem futurista promissora.

3.4 Referências

1. Bansal R., Acharya PC. Esteróides citotóxicos fabricados pelo homem: Agentes exemplares para a terapia do cancro. *Chem. Rev.* **2014**, 114, 6986-7005.

2. Charpiot B., Bitsch F., Buchheit KH., Channez P., Mazzoni L., Mueller T., Vachier I., Naef R. Disease activated drugs: a new concept for the treatment of asthma. *Bioorg. Med. Chem.*, **2001**, 9, 1793-1805.

3. Koichiro H., Hideki K., Jun A., Mari H., Arnel C., Shinichi I., Satoshi O, Kazuhiko N. Discovery of potent and orally bioavailable 17β- hydroxysteroid dehydrogenase type 3 inhibitors. *Bioorg. Med. Chem.,* **2012**, 20, 3242-3254.

4. El-Kamel AH, Abdel-Aziz AAM, Fatani AJ, El-Subbagh HI. Sistemas orais de administração dirigida ao cólon para o tratamento de doenças inflamatórias intestinais: Síntese, avaliação in vitro e in vivo. *Int. J. Pharm.,* **2008**, 358, 248255.

5. Covey D., Robichaud AJ. *PCT Int. Appl.*, **2014**, WO 2014100228 A1 20140626.

6. Yuan X., Cai C., Chen S., Chen S., Yu Z., Balk SP. Funções do recetor de androgénio no cancro da próstata resistente à castração e mecanismos de resistência a novos agentes que visam o eixo androgénico. *Oncogene*, **2014**, 33, 2815-2825.

7. Eugénio B., Marisa C., Victor PO. Sergio R., Ivonne H. Efeito *in vivo* e *in vitro* de novos derivados de 4, 16-pregnadieno-6, 20-diona, como inibidores da 5α-redutase. *J. Steroid Biochem. Mol. Biol*, **2008**, 111, 275-281.

8. Rosen J., Miner JN. The Search for Safer Glucocorticoid Recetor Ligands. Endocr. Rev., **2005**, 26, 452-464.

9. Barnes P. Corticosteroids: The drugs to beat. *Eur. J. Pharmacol*, **2006**, 533, 2-14.

10. Fedorak RN, Cui N., Friend DR, Madsen KL. Empey LR. A novel colonspecific steroid prodrug enhances sodium chloride absorption in rat colitis. Am J Physiol, **1995**, 269, G210-218

11. McLeod AD, Fedorak RN, Friend DR, Tozer TN, Cui N. A glucocorticoid prodrug facilitates normal mucosal function in rat colitis without adrenal suppression. *Gastoenterology*, **1994**, 106, 405-413.

12. Hochhaus G., Hochhaus R., Werber G., Derendorf H., Mollmann H. A Selective HPLC/RIA for Dexamethasone and its Prodrug Dexamethasone- 21-sulphobenzoate Sodium in Biological Fluids. *Biomed. Chromatogr.*, **1992**, 6, 283-286.

13. Zhengqing Y., Moshin M., Ram PA., Henry J.L., Síntese, Anti-HIV e atividade citotóxica de novos conjugados AZT de ácidos esteróides. *Nucleosídeos, nucleótidos e ácidos nucleicos*, **2003**, 22, 2049-2060.

Capítulo 4

Síntese de pró-fármacos esteróides

4.1 Síntese do pró-fármaco dexametasona-ibuprofeno

Em 1994, Mcleod et al. demonstraram que o pró-fármaco dexametasona-β-D-glucuronídeo fornece quantidades eficazes de dexametasona ao intestino grosso a partir de doses mais baixas do que a dexametasona livre [1]. Duan et al. também sintetizaram pró-fármacos designados por conjugados de antraquinona-ibuprofeno que demonstraram uma orientação significativa para o local e aumentaram a sua atividade anti-inflamatória *in vitro* [2]. Tendo em conta este facto, Al-Azzawi et al. sintetizaram um potencial pró-fármaco de dexametasona conjugado com ibuprofeno através de um aminoácido espaçador (glicina) com o objetivo de a molécula do pró-fármaco se hidrolisar quimicamente na parte inferior do trato gastrointestinal (TGI) para libertar o constituinte ativo [3]. A dexametasona e o pró-fármaco foram detectados com a ajuda da análise experimental por HPLC. Além disso, foi também efectuado um estudo cinético utilizando diferentes tampões, que mostrou o aumento da concentração da Dexametasona e a diminuição da concentração do pró-fármaco após diferentes períodos de tempo.

O cloreto de ácido de ibuprofeno (**2**) foi obtido a partir do ibuprofeno (**1**) por reação com excesso de cloreto de tionilo em clorofórmio (esquema 1). Na etapa seguinte, o composto **2** foi reagido com glicina para obter o conjugado ibuprofeno-glicina (**3**). Agora, o Ibuprofeno-glicina foi reagido com excesso de cloreto de tionilo para proteger o grupo carboxílico da porção de glicina para produzir cloreto de ácido de Ibuprofeno-glicina (**4**). Finalmente, o pró-fármaco Ibuprofeno-glicina-dexametasona **5** foi obtido a partir da dexametasona pelo tratamento com cloreto de ácido de Ibuprofeno-glicina em trietilamónio com elevado rendimento percentual. Todos os compostos sintetizados foram isolados com a ajuda de cromatografia em coluna e as suas estruturas foram elucidadas através de análise elementar por UV, IR, RMN e CHN. O procedimento de síntese está representado no esquema abaixo.

Esquema 1

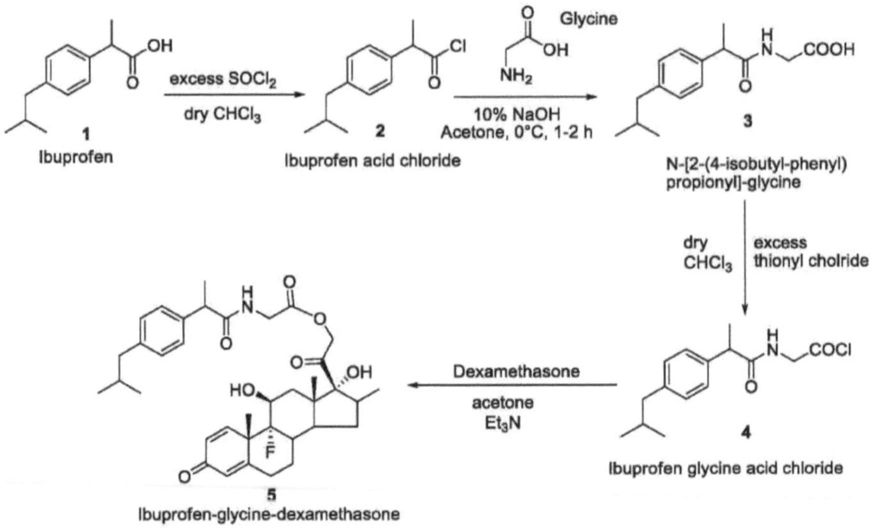

4.2 Síntese do pró-fármaco conjugado de prednisolona

Os medicamentos glucocorticóides são amplamente utilizados no tratamento da doença inflamatória intestinal. Estes medicamentos são absorvidos pelo trato gastro intestinal (TGI) antes de chegarem ao cólon, causando efeitos secundários sistémicos graves [4]. Os pró-fármacos à base de azoto são os fármacos que têm como alvo o cólon, especialmente os que se destinam ao tratamento da doença inflamatória intestinal (DII), que passam pelo TGI antes de serem libertados. Com base neste conceito, muitos fármacos estão a ser utilizados clinicamente para o tratamento da DII. Além disso, os anti-inflamatórios esteróides também não são muito mais eficazes nas doenças do cólon quando são administrados cronicamente devido a vários efeitos secundários [5]. Para ultrapassar estes problemas, em 2009, Ruiz et al. descreveram uma estratégia de pró-fármacos para o cólon que alarga a utilização da redução do grupo azo como vetor de libertação de fármacos [6]. Nesta investigação, um corticosteroide é ligado através do seu grupo 21- OH a um grupo azo transportador arilo através de um éster alquílico primário. O grupo azo é utilizado para incorporar um ácido 5-aminosalicílico incipiente, de modo a que o conjugado possa atuar como um pró-fármaco mútuo. Nesta abordagem, um grupo transportador (7) é sintetizado através de várias etapas e depois ligado por esterificação à prednisolona para dar um pró-fármaco à base de azo (**9**). O composto **7** foi preparado por reação de condensação do ácido nitroso **3** e do aminoéster **6.** Na série a, o ácido 2-nitrosofenilpropiónico (**3**) foi obtido através da redução do ácido 2-nitrocinâmico (**1**) sob atmosfera de hidrogénio com Pd/C (10%) em hidróxido de sódio aquoso a 2% para produzir o intermediário **2** que foi oxidado sem purificação utilizando oxona como agente oxidante. Na série b, a proteção do ácido 5-nitrosalicílico (**4**) foi realizada em terc-butanol com DMAP como catalisador; o DCC foi introduzido na mistura reacional gota a gota numa solução de THF. Os problemas de solubilidade do ácido 5-aminosalicílico nestas condições de reação tornaram-no inadequado como material de partida. O 5-aminosalicilato de terc-butilo (**6**) foi obtido por redução do 5-nitrosalicilato *de terc-butilo* (**5**). A condensação entre os compostos **3** e **6** para formar o transportador **7** foi efectuada em ácido acético. A reação de Mitsunobu foi aplicada para a reação de **7** e prednisolona no 21-OH para dar **8**. A prednisolona tem três tipos de grupos hidroxilo, pelo que esta reação permite obter seletividade. O produto final foi obtido através da desproteção do grupo ácido com TFA, obtendo-se os pró-fármacos **9**. Este trabalho está resumido no esquema 2.

Esquema 2

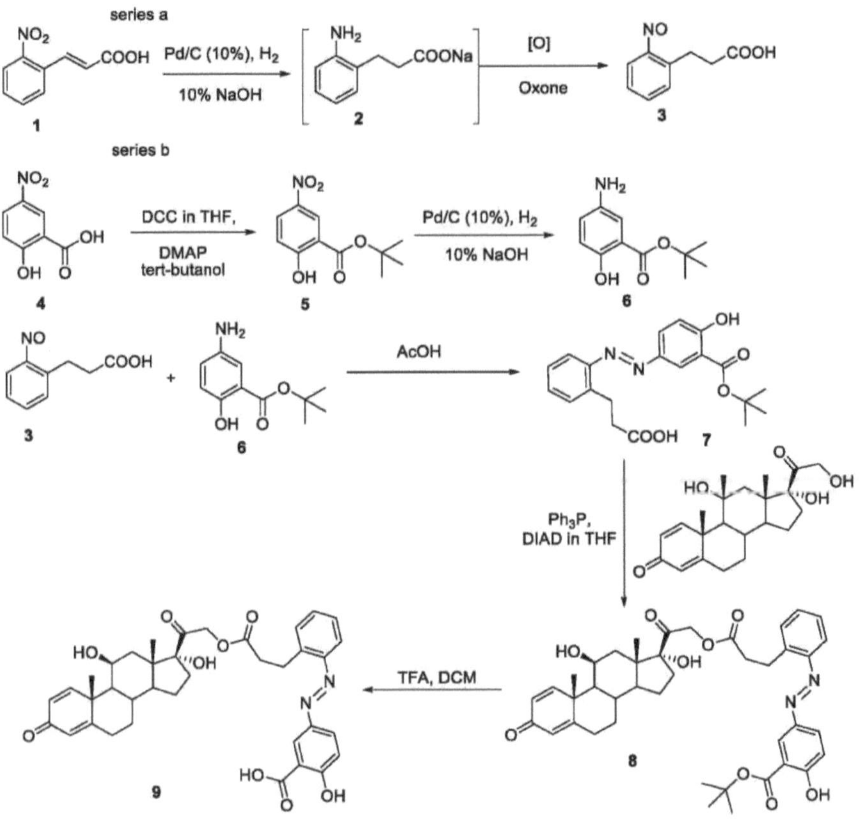

4.3 Síntese de pró-fármacos de estrona 17-amino-dodecano-doxorrubicina

A doxorrubicina (DOX), um antibiótico antraciclina com um amplo espetro de atividade antitumoral, é utilizada contra o cancro da mama humano, mas produz uma cardiomiopatia dependente da dose que limita a sua utilidade clínica [7]. A maioria dos cancros da mama são receptores de estrogénio (ER) positivos (contêm mais de 10 fmol/mg de proteína ER citosólica) e também contêm receptores de progesterona (PRs), que podem responder à terapia endócrina [8]. A conceção de pró-fármacos de DOX, que aumentam a seletividade do alvo, foi previamente investigada, tendo a DOX sido acoplada covalentemente a moléculas transportadoras de esteróides , numa tentativa de obter uma maior seletividade em, pelo menos, 55-65% dos tumores primários da mama. Sadeghi-Aliabadi et al. sintetizaram pró-fármacos esteróides nos quais a DOX está ligada às posições 3 ou 17 da porção de estrona através de um grupo espaçador de alquilo. Também determinaram os perfis de citotoxicidade dos pró-fármacos contra um painel de células humanas de cancro da mama ER-positivas e ER-negativas e uma linha celular de leucemia humana, bem como investigaram as relações estrutura-atividade destes pró-fármacos ER-afetivos contra células tumorais dependentes de hormonas. O esquema sintético 3 da síntese do pró-fármaco estrona-17-amino-dodecano-doxorrubicina é aqui descrito.

Esquema 3

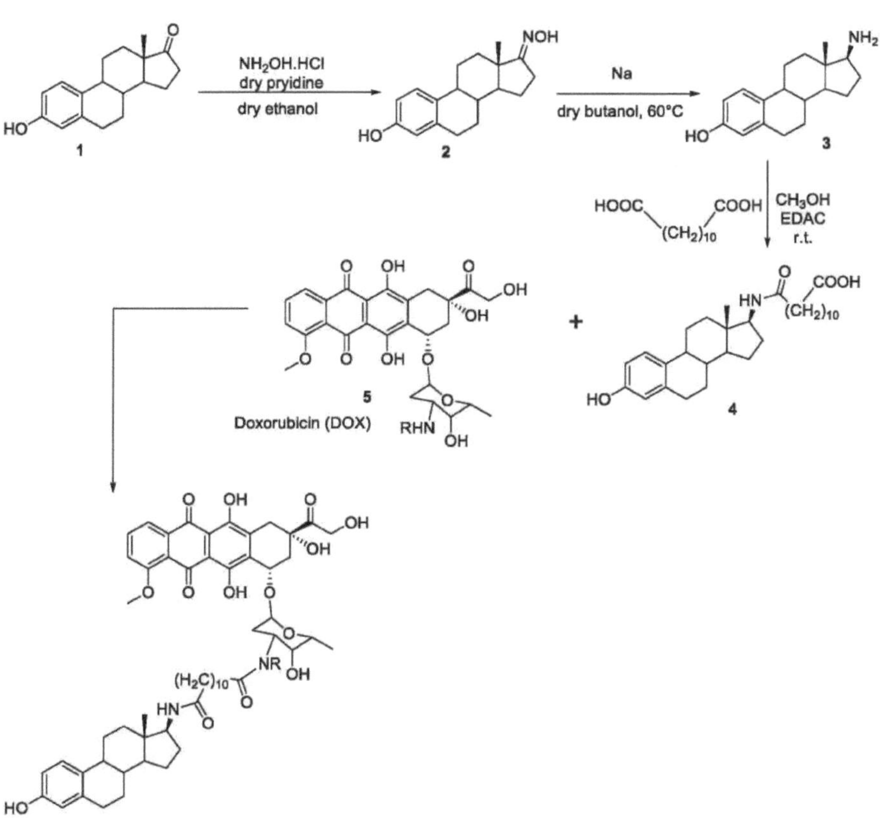

4.4 Síntese do pró-fármaco di-esteroidal de etinilestradiol

O estrogénio humano natural, o 17β-estradiol, é o esteroide mais bioativo, mas com fraca absorção e extenso metabolismo de primeira passagem no trato gastrointestinal e no fígado. Os métodos para aumentar a atividade incluíram a modificação da posição C-17, como os pró-fármacos, o 17-valerato de estradiol e os estrogénios equinos, que são uma combinação de derivados de sulfato e glucuronido. Outro bom exemplo é o etinilestradiol. O grupo etinilo na posição 17 reduz consideravelmente o metabolismo hepático de primeira passagem em comparação com o 17β-estradiol, permitindo que o composto seja mais ativo do que o estrogénio natural 17β-estradiol. O etinilestradiol é o estrogénio mais comum utilizado em preparações contraceptivas. Dada a sua maior potência em relação ao 17β-estradiol, é utilizado em doses comparativamente mais baixas. Existem algumas desvantagens associadas à utilização do etinilestradiol. Por exemplo, nem todo o etinilestradiol administrado está biologicamente disponível. O etinilestradiol é metabolizado na parede intestinal e no fígado, o que afecta a sua biodisponibilidade. Além disso, a sua biodisponibilidade pode variar ligeiramente de indivíduo para indivíduo. Por conseguinte, um novo pró-fármaco de etinilestradiol que melhore a biodisponibilidade seria altamente vantajoso [9].

Esquema 4

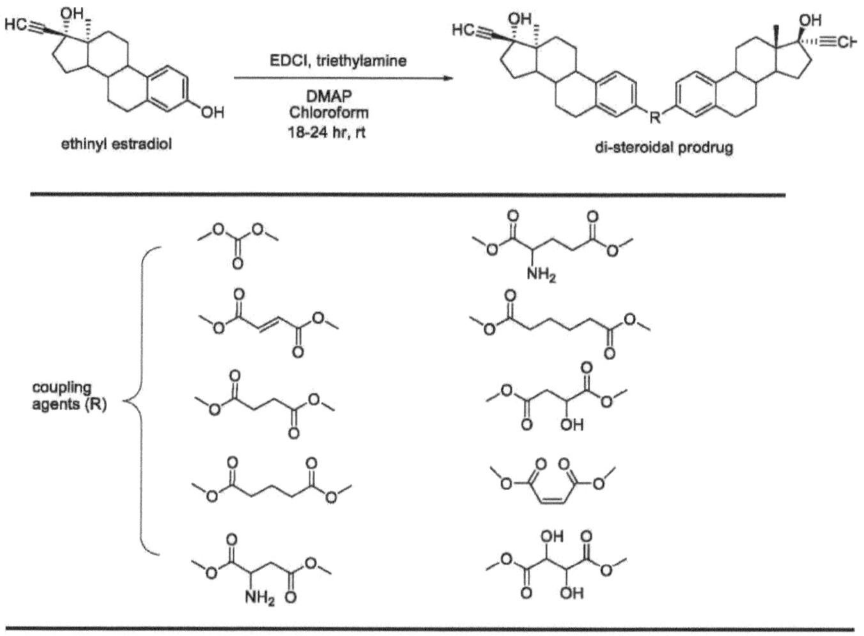

King et al. sintetizaram um novo pró-fármaco di-esteroidal de etinilestradiol que está ligado na posição C-3 da porção de etinilestradiol. Como se mostra no esquema 4, o pró-fármaco di-esteroidal foi obtido através da reação de acoplamento na presença de cloridrato de 1- (3-dimetilaminopropil)-3-etil-carbodiimida, um catalisador de base 4-dimetilamino piridina (DMAP) em trietilamina com diferentes agentes de acoplamento.

4.5 Síntese de 2-metoxiestradiol-3-fosfato, 17-fosfato e 3,17-difosfato

O metabolito endógeno dos estrogénios humanos, o 2-metoxiestradiol (**1**), tem suscitado interesse devido à sua potente inibição da vasculatura tumoral e do crescimento das células tumorais [10]. A citotoxicidade do 2-metoxiestradiol tem sido associada a uma distribuição desigual dos cromossomas, à inibição da mitose e a um aumento do número de metáfases anormais [11]. Como formulação, o 2-metoxiestradiol apresentou concentrações plasmáticas baixas em relação às doses orais administradas, o que demonstra a baixa biodisponibilidade do 2-metoxiestradiol devido à sua baixa solubilidade aquosa [12]. Para ultrapassar este problema do ponto de vista da formulação, uma abordagem alternativa consiste em preparar pró-fármacos solúveis em água que seriam metabolizados eficazmente em 2-metoxiestradiol, tal como aqui apresentado. Existe um amplo precedente para o uso bem-sucedido de pró-fármacos fosfatados para aumentar a solubilidade aquosa, incluindo aplicações com estramustina, epinina, anandamida, buparvaquona, camptotecina, paclitaxel, etoposídeo, cortisona, resveratrol e medicamentos combretastatina A-4. Os pró-fármacos fosfatados são normalmente convertidos na molécula-mãe através de fosfatases alcalinas ou ácidas não específicas. Esta abordagem permitiu que a administração intravenosa de pró-fármacos fosfatados, incluindo algumas hormonas esteróides, ultrapassasse perfis farmacocinéticos que, de outro modo, seriam desanimadores.

Esquema 5

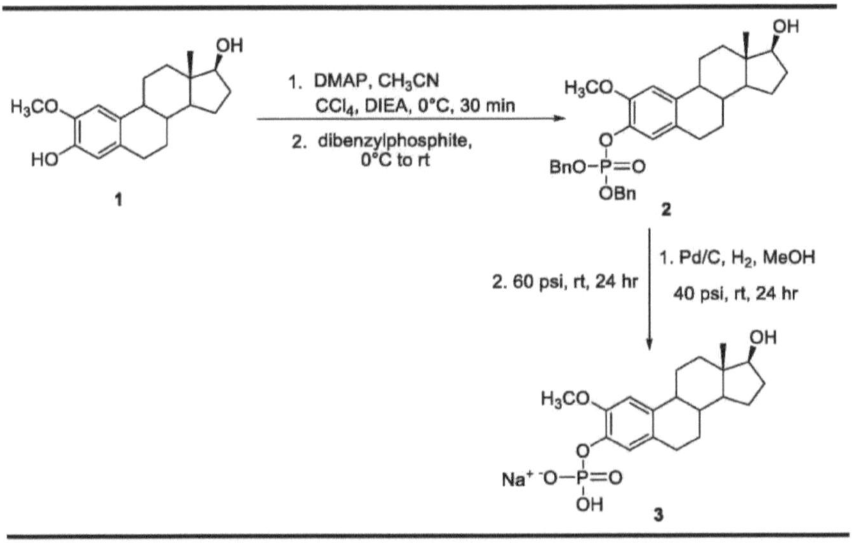

Três potenciais pró-fármacos fosfatados do 2-metoxiestradiol foram sintetizados de acordo com o procedimento descrito nos Esquemas 5-7 [13]. Estes foram os derivados do 3-fosfato **3** (Esquema 1), do 17-fosfato **7** (Esquema 2) e do 3, 17-difosfato **9**

(Esquema 3). O 2-metoxiestradiol (**1**) foi tratado com dimetilaminopiridina (DMAP), tetracloreto de carbono, diisopropiletilamina e fosfato de dibenzilo para produzir o éster dibenzílico do ácido fosfórico **2** com elevado rendimento (Esquema 1). O composto **2** tem dois grupos benzoílo na posição 3. Estas moléculas são submetidas ao processo de hidrogenólise e produzem um análogo de 3-fosfato, designado por composto **3**. Para obter o éter 3-benzílico do 2-metoxiestradiol (**3**), o 2-metoxiestradiol (**1**) foi primeiro benzilado regiosselectivamente no 3-hidroxi, que foi depois fosforilado na posição 17 utilizando terc-butóxido de titânio, trietilamina e dietilclorofosfato para obter o éster fosfato de dietilo 5 (esquema 2). O terc-butóxido de titânio foi preparado por aquecimento de acetato de terc-butilo e isopropóxido de titânio a refluxo. O éter benzílico **5** produziu o intermediário **6** através da reação de hidrogenólise. Finalmente, o derivado 17-fosfato do 2-metoxiestradiol **7** foi preparado pela reação do fosfato de dietilo **6** com brometo de trimetilsililo.

Esquema 6

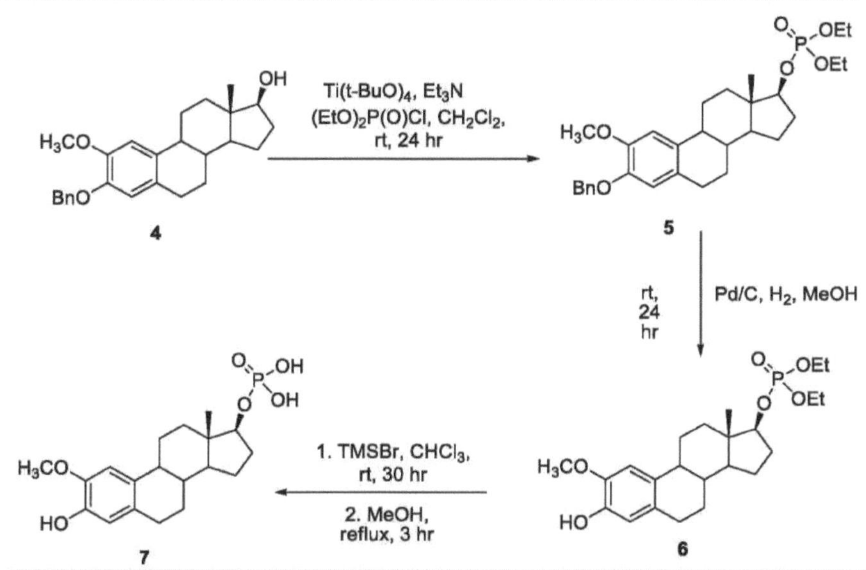

Conforme ilustrado no esquema 3, o intermediário difosfato **8** foi sintetizado utilizando um método de preparação semelhante ao do intermediário **5**. Foi sintetizado por fosforilação dos grupos 3 e 17-hidroxilo do 2-metoxiestradiol (1) na presença de terc-butóxido de titânio, trietilamina e dietilclorofosfato. A clivagem das porções etílicas com brometo de trimetilsililo em MeOH em refluxo produziu o 3, 17-difosfato desejado 9

Esquema 7

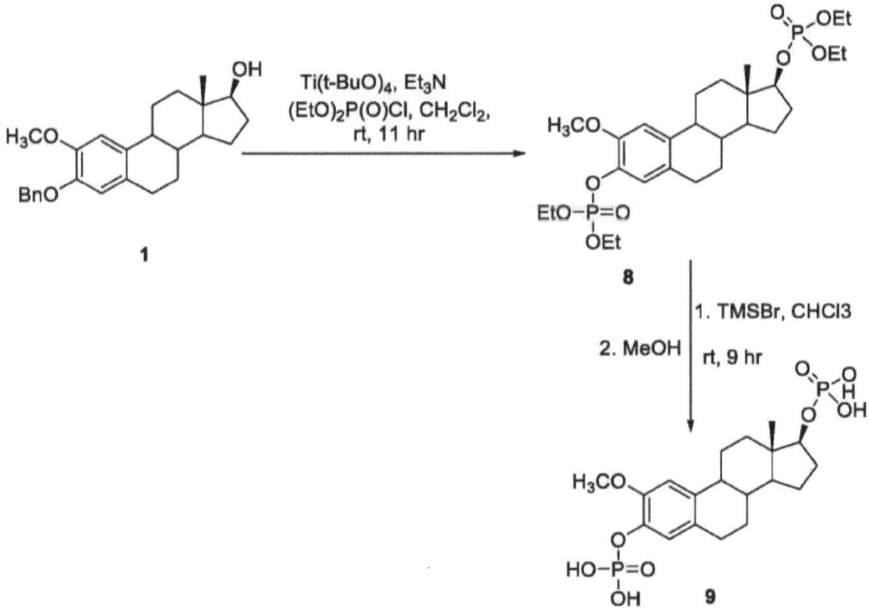

4.6 Síntese de pró-fármacos de azidotimidina a partir de prednisolona e corticosterona

A azidotimidina (AZT), inibidor da replicação do VIH, é utilizada clinicamente para o tratamento dos sintomas relacionados com a SIDA/SIDA [14]. Causa toxicidade na medula óssea relacionada com a dose, sob a forma de anemia grave e distúrbios de leucopenia. O AZT tem uma semi-vida plasmática curta, de aproximadamente 1 hora, que se deve principalmente à 5'-O-glucuronidação, que resulta numa rápida eliminação do AZT. Este facto garante a administração de doses mais elevadas para manter níveis terapêuticos adequados do fármaco no plasma. Quando o nível de AZT aumenta, provoca toxicidade na medula óssea. Por conseguinte, é razoável que os 5'-O-conjugados do AZT, como um pró-fármaco, possam ultrapassar significativamente os inconvenientes e melhorar a sua eficácia. Vários estudos demonstraram a síntese de diferentes tipos de conjugados de AZT com aminoácidos, ácidos heterocíclicos, ácido retinóico, açúcares e lípidos [15]. Alguns dos pró-fármacos apresentam uma atividade anti-VIH semelhante, com propriedades farmacocinéticas melhoradas, como um aumento da semi-vida plasmática, da lipofilicidade e da absorção celular, e uma diminuição da toxicidade.

Esquema 8

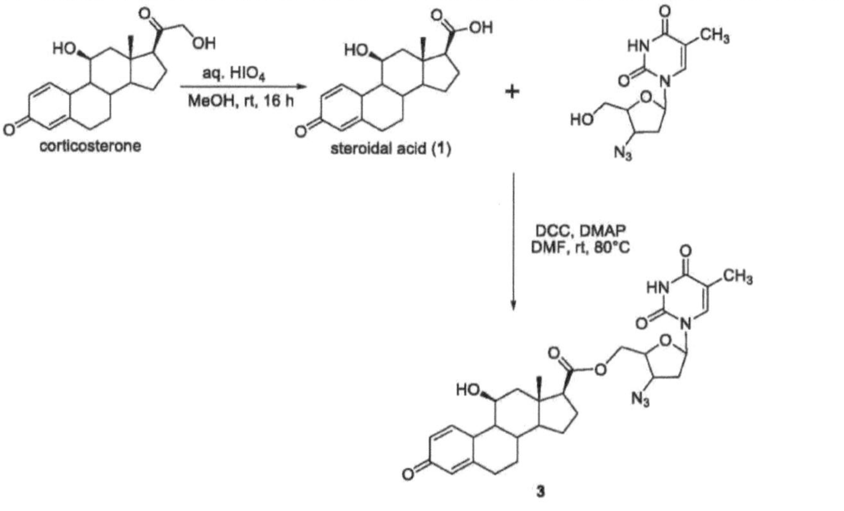

Tendo em conta este facto, Sharma et al. sintetizaram três derivados do AZT com três ácidos esteroidais farmacologicamente inactivos diferentes (por exemplo, corticosterona, prednisolona e ciano corticosterona) através de uma ligação éster [16].

Estes ácidos mantêm a posição dos seus grupos 3-ceto, 4-eno e 11-hidroxi, pelo que se espera que se liguem às proteínas plasmáticas de transporte de glucocorticóides. O complexo conjugado-proteína estaria protegido da transformação metabólica no plasma, prolongando assim a meia-vida do nucleósido. Para obter o pró-fármaco esteroidal **3,** a corticosterona **1** (esquema 8) foi submetida a uma clivagem oxidativa da cadeia lateral 17β com ácido periódico, seguida de uma reação de acoplamento com AZT na presença de DCC e DMAP. O pró-fármaco **4** (esquema 9) foi obtido a partir da prednisolona por reação com K2CO3 e ar na presença de metanol à temperatura ambiente, seguida de reação de acoplamento com AZT na presença de DCC e DMAP.

Esquema 9

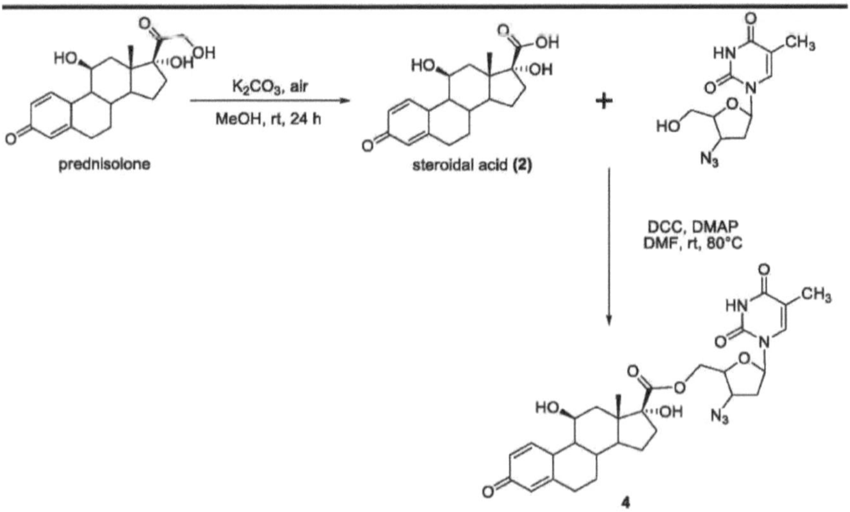

Do mesmo modo, o pró-fármaco **6** (esquema 10) foi obtido a partir do ácido esteroide **(5)** pela reação com o AZT na presença de DCC e DMAP no solvente DMF a 80°C.

Esquema 10

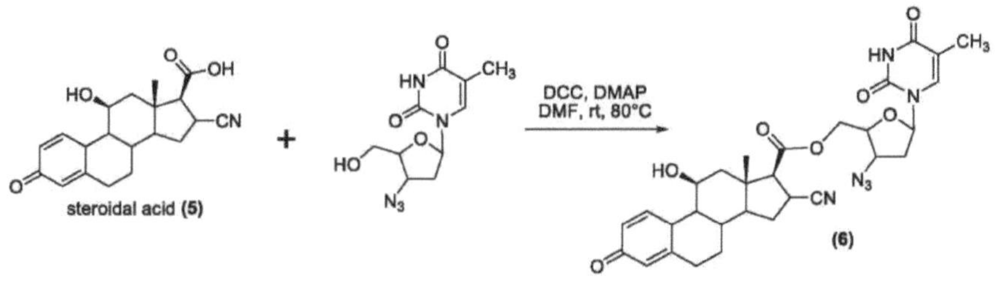

4.7 Síntese de novos derivados de 4,16-pregnadieno-6,20-diona

A testosterona (TS) e a dihidrotestosterona (DHT) são as hormonas esteróides típicas que se ligam a um recetor de androgénio típico (AR) e activam genes que contêm sequências de ADN responsivas aos androgénios. A TS é convertida em DHT na presença da enzima 5α-redutase em determinados tecidos, incluindo a próstata, as vesículas seminais, o epidídimo, a pele, os folículos pilosos, o fígado e o cérebro. A DHT medeia o crescimento da genitália externa, a manutenção da glândula prostática e das vesículas seminais nos homens [17]. A DHT também desempenha um papel importante na causa de várias doenças dependentes dos androgénios, incluindo acne, seborreia, hirsutismo, alopecia androgénica, calvície, hiperplasia benigna da próstata (HBP) e cancro da próstata [18-21].

Por conseguinte, os medicamentos inibidores da 5α-redutase são muito eficazes na prevenção e no tratamento destas doenças. Os inibidores da 5α-redutase mais amplamente estudados são a finasterida e a dutasterida [22]. Outro derivado esteroide 4-azasteróide com atividade inibidora da 5α-redutase demonstrou uma afinidade muito baixa pelos receptores de androgénios [23].

Esquema 11

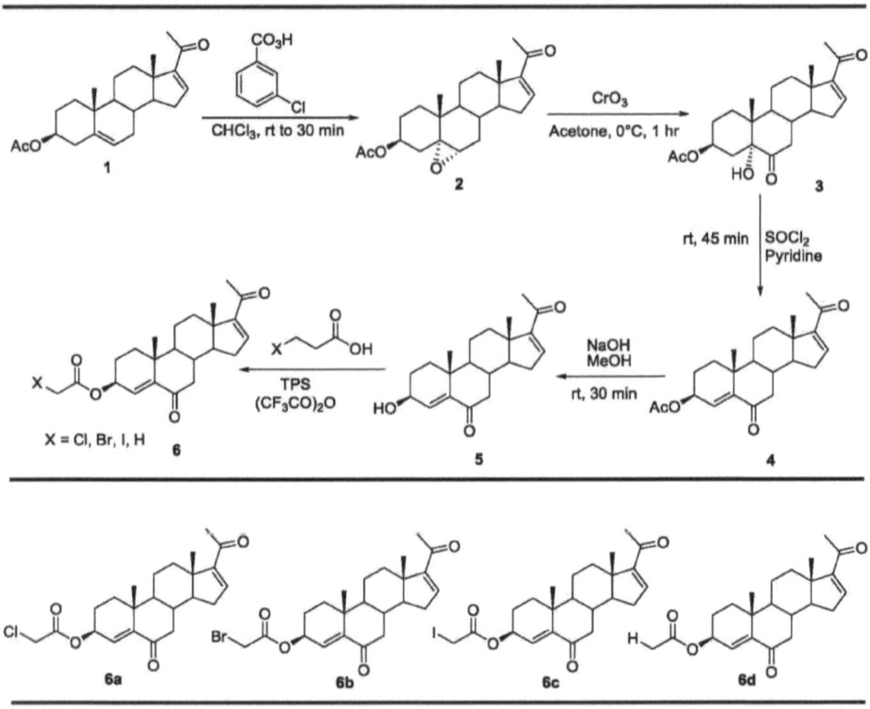

De acordo com a literatura relatada, os derivados de 16-metil-4, 6-pregnadieno-3, 20-diona contendo e cadeia lateral de éster em C-17 com átomos de halogéneo exibiram actividades potentes *in vivo* e *in vitro em* comparação com a finasterida comercialmente disponível [24]. Por conseguinte, com base nestes resultados, Bratoeff et al. descreveram a síntese, o efeito farmacológico e o mecanismo de ação de quatro novos pró-fármacos esteróides (**6**) com uma porção éster em C-3 e ligações duplas conjugadas em C-4 e C-16 no esqueleto pregnano [25]. Estes compostos foram preparados a partir do acetato de 16-dehidropregnenolona disponível no mercado, conforme descrito no esquema 11. O acetato de 16-dehidropregnenolona foi tratado com m-CPBA em clorofórmio à temperatura ambiente durante 30 minutos para produzir acetato de 5, 6-epoxi-16-dehidropregnenolona (**2**). Na etapa seguinte, o composto **2** foi oxidado na presença de CrO3 e formou acetato de 5-hidroxi-6-oxo-16-dehidropregnenolona (**3**). O composto **3** deu origem a 3-hidroxi-6-oxo-4, 16-dieno-6,

20-diona (**5**) quando foi tratado com SOCl2 em piridina durante 45 minutos, seguido de hidrólise básica. A síntese dos pró-fármacos esteroidais **6a-6d** foi preparada a partir do álcool esteroidal **5** em ácido *p-toluenossulfónico* e clorofórmio à temperatura ambiente durante 10 minutos com ácido 3-cloropropiónico, ácido 3-bromopropiónico, ácido 3-iodopropiónico e ácido propiónico, respetivamente.

4.8 Síntese de novos pró-fármacos esteroidais ramificados de mostarda azotada

A fim de otimizar a administração de citotoxicidade às células cancerosas, está a ser dada cada vez mais atenção aos veículos de transporte de medicamentos que se localizam seletivamente em sítios das células tumorais, como os anticorpos monoclonais, ou que são mais rapidamente absorvidos pelas células tumorais de crescimento rápido no decurso do seu metabolismo acelerado. Vários estudos demonstram que as hormonas esteróides são utilizadas no tratamento de cancros dependentes de hormonas, como o cancro da mama, o cancro da próstata, os cancros do ovário e do endométrio, os cancros gastrointestinais, o cancro do pulmão de pequenas células e os meningiomas [26-29]. Além disso, as mostardas azotadas actuam também como potentes agentes antineoplásicos no tratamento da leucemia mielogénica, da doença de Hodgkin, dos cancros do pulmão, dos testículos, dos ovários e da mama, bem como de vários linfomas. No entanto, a sua utilização é muito limitada devido à falta de seletividade, à elevada toxicidade e ao potencial desenvolvimento de resistência ao fármaco. Por conseguinte, é desejável uma selectiva e uma potente mostarda azotada citotóxica a partir de um pró-fármaco relativamente inativo. Sabe-se que a terapêutica combinada que utiliza diferentes tipos de fármacos anticancerígenos pode melhorar a eficácia e reduzir os efeitos tóxicos, como é o caso das moléculas conjugadas, uma vez que a combinação hormona esteroide-mostarda azotada foi considerada bastante bem sucedida [30]. Uma lipoproteína de baixa densidade (LDL), como a mais importante fonte exógena de colesterol, demonstrou ser rapidamente eliminada por uma série de linhas tumorais agressivas. Assim, a simples mistura de mostarda nitrogenada com um esteroide melhora a sua atividade anticancerígena e reduz os seus efeitos tóxicos, simplesmente aumentando a sua lipofilicidade e alterando as suas propriedades físico-químicas. De facto, os conjugados esteroide-mostarda azotada podem penetrar mais fácil e eficazmente nas membranas bicamadas lipídicas das células e atingir o seu local de ação. Os dois pró-fármacos esteróides da mostarda nitrogenada **12** e **16** reconstituíram-se bem em LDL e a rLDL resultante possuía atividade contra células CHO transformadas a concentrações proteicas de 10 pg/mL (citostáticas) [31].

Esquema 12

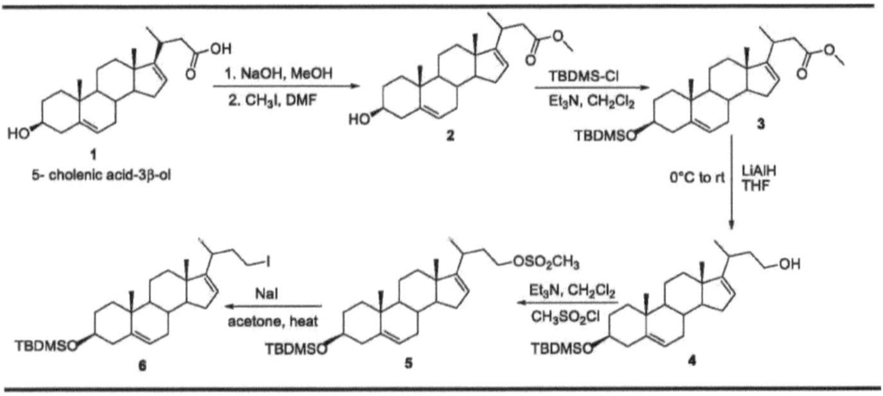

Esquema 13

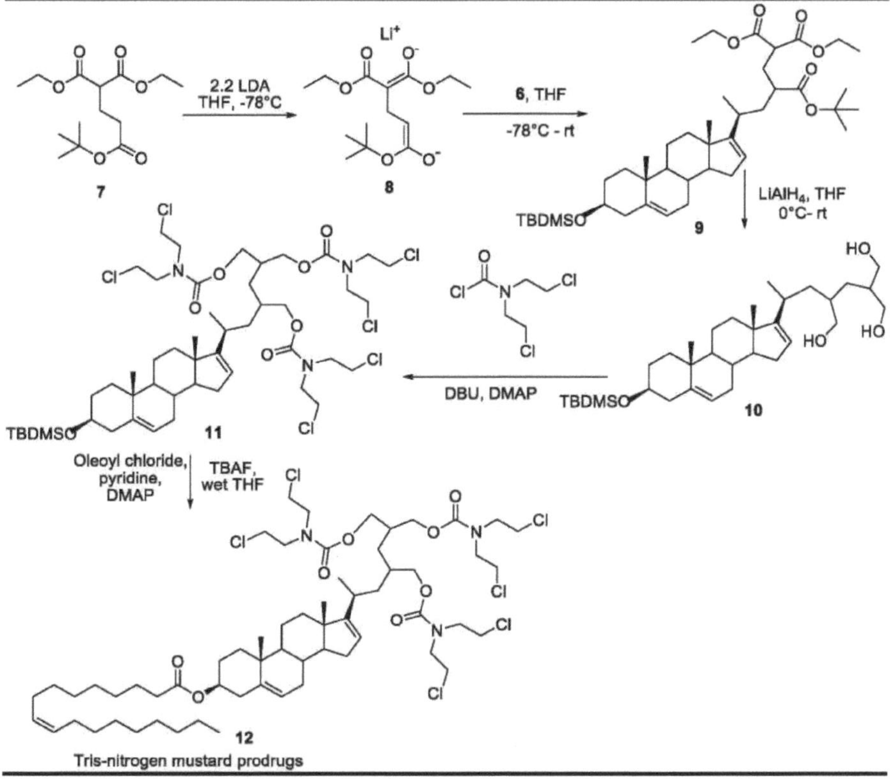

A síntese dos pró-fármacos de bis e tris-nitrogénio mostarda (**12** e **16**) é apresentada nos Esquemas 1, 2 e 3. O ácido esteroide **1** foi facilmente convertido em **6** através de uma sequência de reação em cinco etapas (esquema 12). Em seguida, o triéster **7** dissolvido em THF e LDA foi transformado no seu sal de bis-lítio **8**, que reagiu com **6** para dar os carbamatos de mostarda azotada **12** através de uma sequência de reação em três etapas (esquema 13). O derivado LDL de mostarda azotada **16** foi preparado de forma semelhante a partir do derivado **5** através de uma sequência de reação em quatro etapas (esquema 14).

Esquema 14

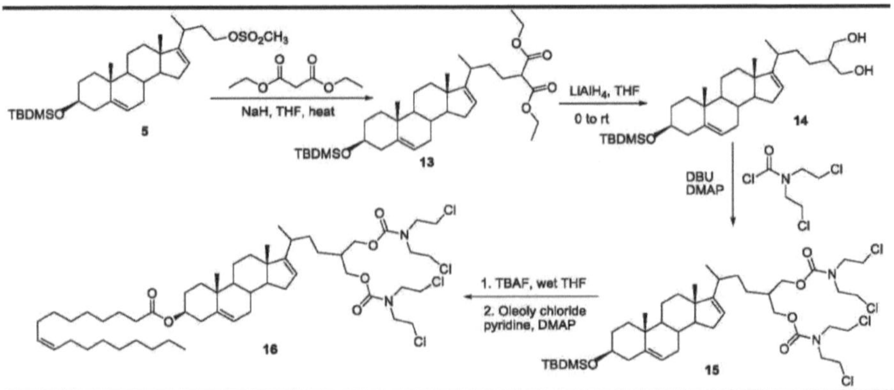

4.9 Síntese do pró-fármaco Distearoil fosfatidiletanolamina-estrona

Os receptores de estrogénios (ER), membros da superfamília de receptores de hormonas nucleares, estão diferencialmente sobre-expressos até 60-80% no cancro da mama [32]. Os estrogénios, depois de se ligarem ao seu recetor, são transportados para o núcleo e, por conseguinte, podem ser o ligando para essas células e/ou tipos de tecidos que expressam o recetor [33]. Foram preparados/sintetizados vários conjugados de fármacos com os estrogénios ou os seus análogos para atacar os ER [34-35]. Além disso, Rai et al. prepararam lipossomas com estrona, encapsulando doxorrubicina, e investigaram o potencial de ação deste bioligante endógeno [36]. Em primeiro lugar, a estrona foi conjugada com anidrido succínico e depois com DSPE (esquema 15). A estrona **1**, o anidrido succínico, a dimetilaminopiridina (DMAP) e a trietilamina foram dissolvidos em dioxano e a solução resultante foi agitada durante a noite à temperatura ambiente. Depois de trabalhada, esta reação produziu um derivado de ácido carboxílico da estrona **2** que foi dissolvido em DCM, HOBT e DSPE para dar o pró-fármaco DSPE-ES **3.**

Esquema 15

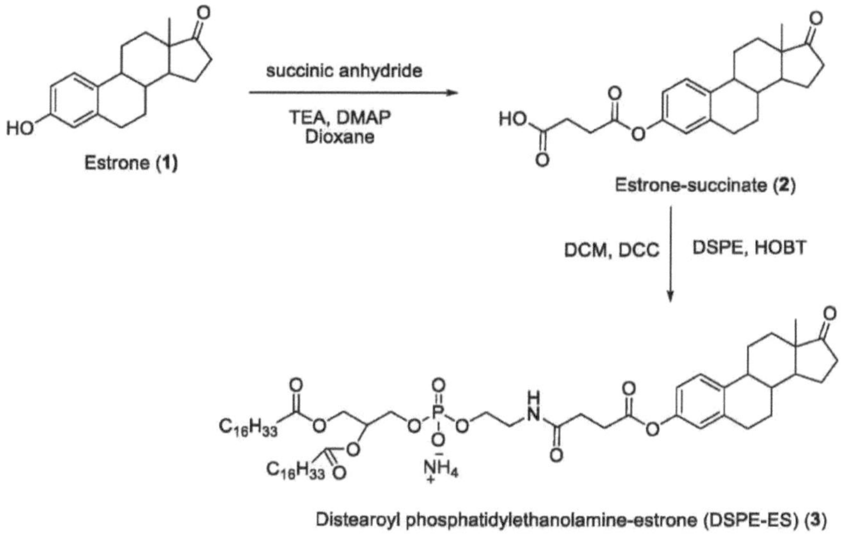

4.10 Síntese do dimetilditestosteroxissilano e do difenilditestosteroxissilano

Como se mostra no esquema 16, a reação da testosterona (**1**) com diclorodimetilsilano ou diclorodifenilsilano em benezeno e piridina à temperatura ambiente deu origem aos dímeros correspondentes **2** e **3**, respetivamente, com bons rendimentos [37]. Estes dímeros foram concebidos para atuar como pró-fármacos da testosterona. Ambos os dímeros exibiram atividade miotrófica e androgénica no modelo experimental de ratos. A atividade androgénica do testosteroxitrimetilsilano (**2**) foi maior do que a da testosterona e os autores concluíram que tal pode ter sido devido a um melhor transporte através das barreiras lipídicas, seguido da clivagem da ligação éter silílico ligada à funcionalidade 17β-oxigénio para produzir testosterona. Assim, foi confirmado que os éteres de sililo podem atuar como pró-fármacos da testosterona num modelo animal.

Esquema 16

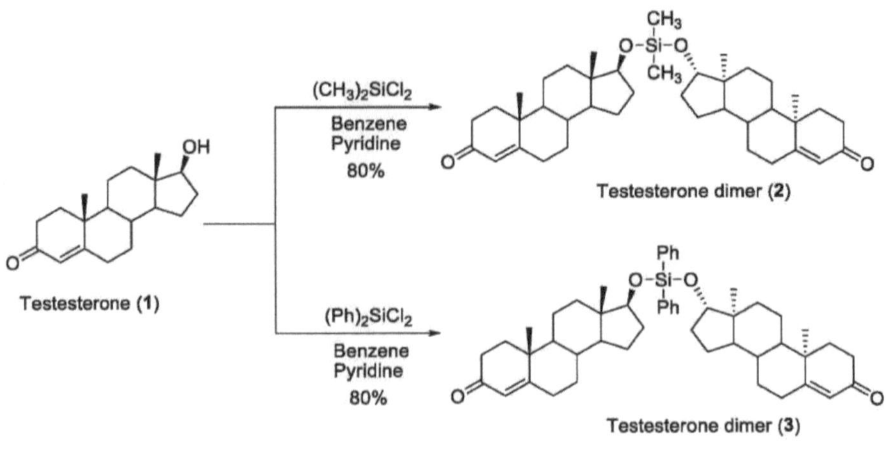

4.11 Síntese de dímeros C2-simétricos de 17β-Estradiol

Nas duas últimas décadas, alguns ligandos bivalentes são utilizados como pró-fármacos com actividades androgénicas e miotróficas, pois acredita-se geralmente que os ligandos bivalentes devem apresentar uma maior afinidade pelo recetor em relação ao ligando monovalente. Foram feitas algumas tentativas para conceber ligandos bivalentes estrogénicos a partir de moléculas estrogénicas não esteróides análogas ao hexestrol ou ao trifeniletileno. Além disso, Rabouin sintetizou dímeros de estrona ligados por dois grupos éster a uma cadeia alquílica ou a uma cadeia de polietilenoglicol (PEG) na posição 16 do núcleo esteroide. Foi demonstrado que os dímeros de estrona não eram tóxicos para as linhas celulares de cancro da mama humano ER+ (MCF-7) e ER (MDA-MB-231) [38]. Acredita-se também que este tipo de moléculas sintetizadas a partir da hormona natural não apresentaria essencialmente qualquer toxicidade para as células saudáveis ou cancerosas, mas poderia possuir uma atividade antiestrogénica interessante. Assim, num outro estudo, Rabouin descreveu a síntese de vários membros de uma nova família de dímeros C2-simétricos de 17β-estradiol contra duas linhas celulares neoplásicas de cancro da mama humano: MCF-7 e MDA-MB-231 (ER+ e ER).

De acordo com os procedimentos sintéticos, os di-, tri-, tetra-, penta- e hexa-etilenoglicóis foram facilmente transformados em PEG dibromados em duas etapas químicas com rendimentos elevados. Os PEGs foram tratados com cloreto de metanossulfonilo e trietilamina em éter para dar o intermediário dimesilado, seguido de tratamento com brometo de lítio em acetona em refluxo durante 20 h para dar os dibrometos desejados 3 com um rendimento global médio de 70% (esquema 17).

Esquema-17

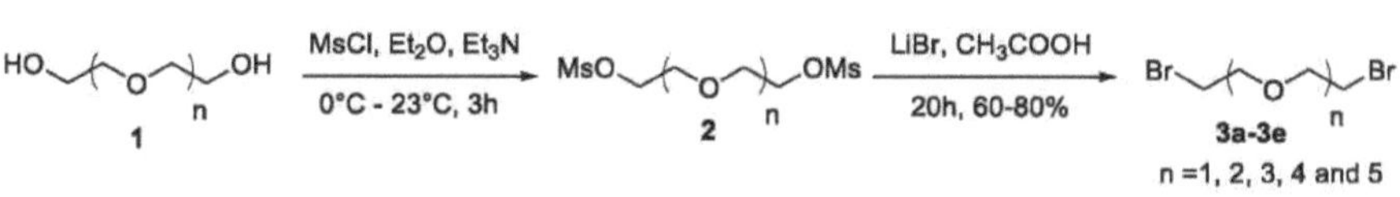

Como se mostra no Esquema 18, a estrona (**4**) foi protegida como éter benzílico utilizando catálise de transferência de fase através do tratamento com brometo de benzilo e hidrogenossulfato de tetrabutilamónio em diclorometano na presença de uma solução aquosa de hidróxido de sódio a 10%, dando origem ao derivado **5**. Este foi transformado no 17a-(prop-20-enil) estradiol **6** após tratamento com brometo de alilmagnésio recentemente preparado em éter dietílico seco. A reação de hidroboração-oxidação de **6** deu o derivado diol **7**.

Esquema-18

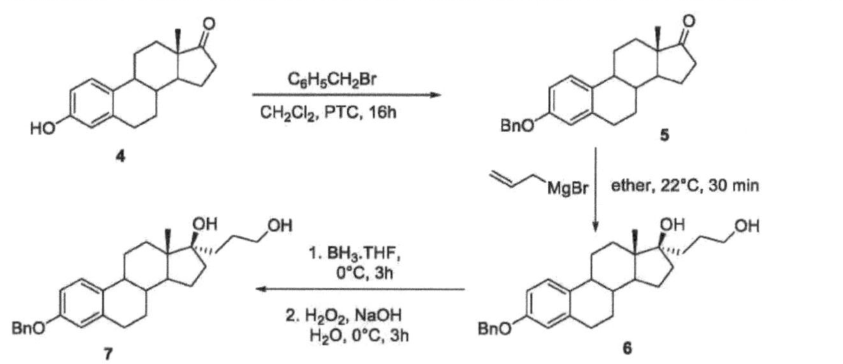

Esquema-19

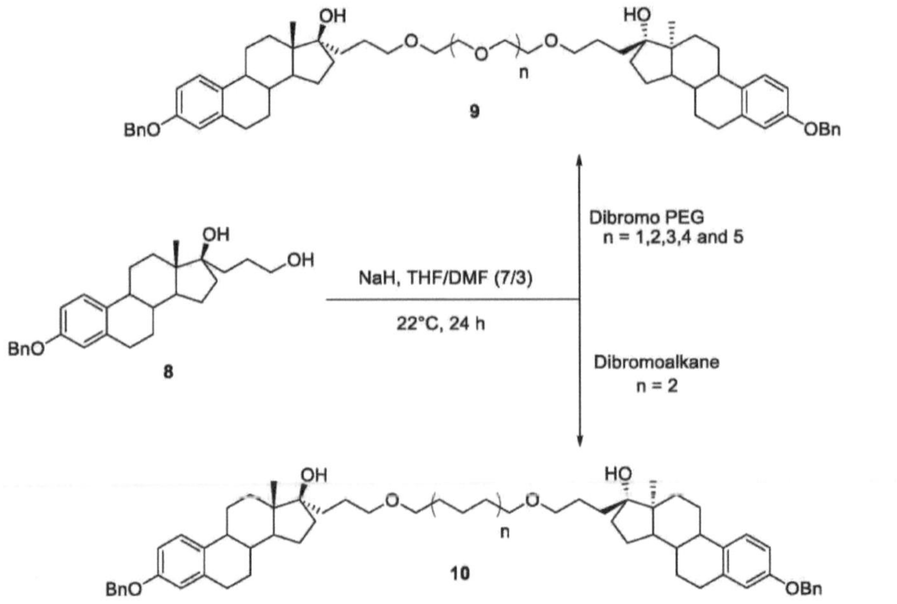

Como se mostra no Esquema 19, procedeu-se à O-alquilação selectiva do diol **8** após tratamento com hidreto de sódio durante 30 min em tetra-hidrofurano seco e dimetilformamida, ao qual se adicionou a cadeia **3a-3e** de PEG dihalogenado à temperatura ambiente durante 20h para obter compostos diméricos. As moléculas diméricas finais (**11** e **12**) foram obtidas quantitativamente por hidrogenólise do éter benzílico com 10% de Pd/C em tetra-hidrofurano, como se mostra 20.

Esquema-20

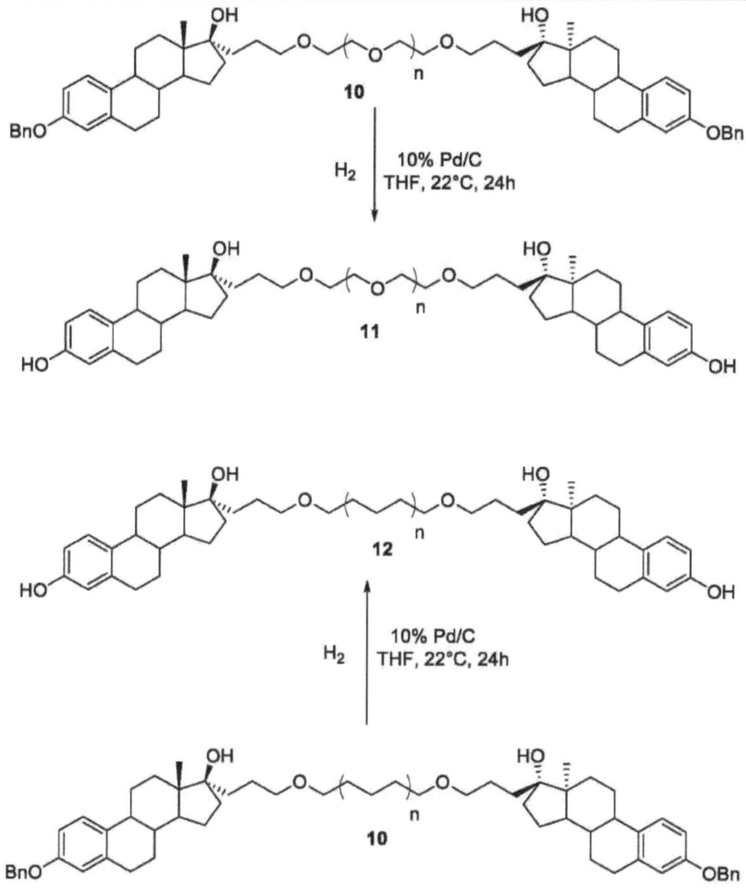

4.12 Conclusão:

Os esforços de investigação direcionados para a síntese de agentes terapêuticos como programa de descoberta de fármacos são enormes e os investigadores exploraram extensivamente várias áreas, desde fontes naturais, como plantas, marinhas e animais, a compostos sintéticos, para obter resultados frutuosos. Os vários conceitos de conceção de pró-fármacos esteróides descritos neste capítulo fornecem uma introdução a esta área de investigação de medicamentos. O papel da parte esteroide já não é considerado simplesmente como um transportador biológico, mas produz os seus próprios efeitos. Além disso, várias modificações estruturais nas moléculas de esteróides tornaram-nas com actividades biológicas melhoradas. A promessa demonstrada por vários derivados esteroidais como pró-fármacos durante a avaliação pré-clínica indicou o vasto potencial desta estrutura privilegiada para gerar potenciais agentes terapêuticos no futuro. Espera-se que este livro forneça informações valiosas aos químicos medicinais e aos investigadores que trabalham nesta área para o desenvolvimento bem sucedido de derivados esteroidais como novos candidatos a fármacos pró ou activos para o tratamento de várias doenças.

4.13 Referências:

1 McLeod AD, Friend DR, Tozer TN. Conjugados glucocorticoide-dextrano como potenciais pró-fármacos para administração específica no cólon: hidrólise no conteúdo do trato gastrointestinal do rato. *J Pharm Sci.* **1994**, 83(9), 1284-1288.

2 Duan Y., Yu J., Liu S., Ji M. Síntese de pró-fármacos de antraquinona-ibuprofeno com afinidade de hidroxiapatita e caraterísticas de atividade anti-inflamatória. *Med. Chem.* **2009**, 5, 577-582.

3 Al-Azzawi AM, Alwan SM, Saud MD, Shaker AG () Dexametasona/Ibuprofeno Síntese de pró-fármacos e estudo cinético preliminar. *Nat. Prod. Chem. Res.* **2013**, 1, 106-111.

4 Green JRB. Lobo AL., Holdsworth CD. Balsalazide is more effective and better tolerated than mesalazine in the treatment of acute ulcerative colitis. *Gastroenterology,* **1998,** *114*, 15-22.

5 Sinha VR., Kumria R. Colonic drug delivery: prodrug approach. *Pharm. Res.* **2001**, 18(5), 557-564.

6 Ruiz JFM, Radics G, Windle H, Serra HO, Simplicio AL, Kedziora K, Fallon PG, Kelleher DP, Gilmer JF, Conceção, síntese e efeitos farmacológicos de um pró-

fármaco esteroide ativado por ciclização para o tratamento do cólon na doença inflamatória do intestino, *J. Med. Chem.* **2009**, *52,* 3205-3211.

7 Ferguson JE, Dodwell DJ, Seymoure AM, Richards MA, Howell A. High dose, dose-intensive chemotherapy with doxorubicin and cyclophosphamide for the treatment of advanced breast cancer. *Br. J. Cancer*, **1993**, 67, 825-829.

8 Wittliff JL. Steroid-hormone receptors in breast cancer (receptores de hormonas esteróides no cancro da mama). *Cancro* **1984**, 53, 630-643.

9 King JA., Keown J., Mcllroy JW., Armstrong WP., McKervey MA., McMordie A. Patente dos EUA n.º US 2005/0159609 Al.

10 Fotsis T., Zhang Y., Pepper MS., Adlercreutz H., Montesano R., Nawroth PP., Schweigerer L. The endogenous oestrogen metabolite 2- methoxyoestradiol inhibits angiogenesis and suppresses tumor growth. *Nature* **1994**, 368, 237-239.

11 Seegers JC, Aveling ML, Van Aswegen CH, Cross M, Koch F, Joubert WS. The cytotoxic effects of estradiol-17, catecholestradiols and methoxyestradiols on dividing MCF-7 and HeLa cells. *J. Steroid Biochem.* **1989**, 32, 797-809.

12 Squillace DP, Reid JM, Kuffel MJ, Ames MM. Biodisponibilidade e metabolismo in vivo do 2-metoxiestradiol em ratos. *Proc. Am. Assoc. Cancer Res.* **1998**, 39, 523.

13 Edsall AB., Agoston GE., Treston AM., Plum SM., McClanahan RH., Lu TS., Song W., Cushman M. Synthesis and in Vivo Antitumor Evaluation of 2-Methoxyestradiol 3-Phosphate, 17-Phosphate, and 3,17-Diphosphate. *J. Med. Chem.* **2007,** *50,* 6700-6705.

14 Yarchoan R, Weinhold, KJ, Lyerly HK, Gelmann E, Blum RM, Shearer, GM, Mitsuya H, Collins JM, Meyers CE, Klecker RW, Markham PO, Durack DT, Nusinoff-Lehrmann S, Barry DW Fischl MA., Gallo RC, Bolognesi DP., Border S. Administration of 3'-azido-3'-deoxythymidine an inhibitor of HTLVIll/LAV replication, to patients with AIDS or AIDS related complex. *Lancet* **1986**, I, 575-

585.

15 Aggarwal SK, Gogu SR, Rangan SRS, Agrawal KC. Synthesis and biological evaluation of prodrugs of zidovudine. *J. Med. Chem.* **1990**, 33, 1505-1510.

16 Sharma AP., Ollapally AP., Lee HJ. Síntese e atividade anti-HIV de pró-fármacos de azidotimidina. *Antivir Chem Chemother,* **1993**, 4, 93-96.

17 Marks LS. 5a-reductase: história e importância clínica. *Rev Urol.* **2004**, 6 Suppl 9: S11-21.

Chang C. *Androgens and Androgen Recetor: Mechanisms, Functions, and Clinical Applications.* Springer Science & Business Media. 31 de outubro de **2002**, pp.451, ISBN 978-1-4020-7188-1.

Blume-Peytavi U, Whiting DA, Trueb RM. *Hair Growth and Disorders*. Springer Science & Business Media. 26 de junho de 2008, pp.161-162. ISBN 9783-540-46911-7

Azzouni F., Mohler J. Role of 5α-reductase inhibitors in benign prostatic diseases (Papel dos inibidores da 5α-redutase nas doenças benignas da próstata). *Cancro da Próstata Dis.* **2012**, 15 (3), 222-230

Azzouni F., Mohler J. Role of 5α-reductase inhibitors in prostate cancer prevention and treatment (Papel dos inibidores da 5α-redutase na prevenção e tratamento do cancro da próstata). *Urology.* **2012**, 79 (6), 1197-205

Machetti F., Guarna A. Novos inibidores da 5α-reductase. *Expert Opin. Ther. Patentes* **2002**, 12, 201-215.

Liang T., Heiss CE., Cheung AH., Reynolds GF., Rasmusson GH. 4- Inibidores azasteroidais da 5α-redutase sem afinidade para o recetor de androgénio. *J. Biol. Chem.* **1984**, 259, 734-739.

Flores E., Bratoeff E., Cabeza M., Ramirez E., Quiroz A., Heuze I. Steroid 5αreductase inhibitors. *Mini Rev. Med. Chem.* **2003**, 3, 225-237.

Bratoeff E., Cabeza M., Perez-Ornelas V., Recillas S., Heuze I. Efeito in vivo e in vitro de novos derivados de 4, 16-pregnadieno-6, 20-diona, como inibidores da 5α-redutase. *J Steroid Biochem Mol Biol*, **2008**, 111, 275281.

Lippman MG. Bolan V., Hu K. The effects of androgens and antiandrogens onhormone-responsive human breast cancer in long-term tissue culture, *Cancer Res.* **1976**, 36, 4610-4618.

Martin JD, Hahnel R, McCartney AJ, Woodings TL. The effect of estrogen recetor status on survival in patients with endometrial cancer, *Obstet Gynecol* , **1983**, 3, 322-324.

Sica V., Nola E., Contieri E., Bova R., Masucci MT., Medici N., Petrillo A., Weisz A., Molinari AM., Puca GA. Receptores de estradiol e progesterona em tumores gastrointestinais malignos. *Cancer Res.*, **1984**, 44, 4670-4674.

29 Carroll RS., Glowacka D., Dasher K., Black PM. Progesterone recetor expression in meningiomas. *Cancer Res.*, **1993**, 53, 1312-1316.

30 Ross WCJ. Biological Alkylating Agents, Butterworths and Co., Ltd., Londres, **1962**, pp.3-87.

31 Dubowchik GM, Firestone RA. Síntese de pró-fármacos esteroidais ramificados de mostarda de nitrogénio para a orientação antitumoral através de LDL reconstituído. *Tetrahedron Lett,* **1994**, 35(26), 4523-4526.

32 Osborne CK. Steroid hormone receptors in breast cancer management (Receptores de hormonas esteróides no tratamento do cancro da mama), *Breast Cancer Res. Treat.* **1998**, 51, 227-238.

33 White R., Parker MG. Molecular mechanism of steroid hormone action. *Endocr Relat Cancer*, **1998**, 5, 1-14.

34 Kuduk SD., Zheng FF., Sepp-Lorenzino L., Rosen N., Danishefsky SJ. Synthesis

and evaluation of geldanamycin-estradiol hybrids. *Bioorg. Med. Chem. Lett.* **1999**, 9, 1233-1238.

35 Lam HY, Ng PK, Goldenberg GJ, Wong CM. Afinidade de ligação ao recetor de estrogénio e atividade citotóxica de três novos conjugados de estrogénio nitrosoureia em linhas celulares de cancro da mama humano in vitro. *Cancer Treat. Rep*. **1987**, 71, 901-906.

36 Rai S., Paliwal R., Vaidya B , Khatri K., Goyal AK., Gupta PN., Vyas SP. Targeted delivery of doxorubicin via estrone-appended liposomes. *J. Drug Target*, **2008**, 16(6), 455-463.

37 Millership JS., Shank ML. Pró-fármacos que utilizam derivação organosilil: Uma investigação das actividades androgénicas e miotróficas a longo prazo dos derivados de sililo da testosterona. *J. Pharm. Sci.* **1988**, 77(2), 116-119.

38 Rabouin D. Tese de Mestrado, Universite' du Quebec a' Trois-Rivie' res, Trois Rivie' res, agosto **de 2001**.

MIX
Papier aus verantwortungsvollen Quellen
Paper from responsible sources
FSC® C105338

Printed by Books on Demand GmbH, Norderstedt / Germany